GOTT MIT UNS
1

DAS HAMBURGER RATHAUS

125 JAHRE – 125 GESCHICHTEN

RITA BAKE UND MICHAEL ZAPF

TEXTE

RITA BAKE | SUSANNE VON BARGEN | MATHIAS BECKER
WOLFGANG BEHNKEN | JÖRG BELEITES
DIRK BRIETZKE | JOACHIM W. FRANK | JONAS GRAEBER
MATTHIAS GRETZSCHEL | BIRGIT KIUPEL
FRANKLIN KOPITZSCH | AXEL KORN
ULRICH MÜCKE | MICHAEL SEUFERT | SVEN TODE
JÖRN WALTER | RAINER-MARIA WEISS | SANDRA WILSDORF

FOTOS

MICHAEL ZAPF

Landeszentrale
für politische Bildung
Hamburg

EDEL
BOOKS

I. INTRO

II. 125 JAHRE – 125 GESCHICHTEN

III. OUTRO

* Die Anmerkungen sind kapitelweise sortiert

LIBERTATEM·QUAM·PEPERERE
MAIORES·DIGNE·STUDEAT
SERVARE·POSTERITAS.

Hauptfassade
des Rathauses.
Blick auf den
Staatsbalkon
(> Nr. 18).

I.

INTRO

Carola Veit
Bürgerschaftspräsidentin

Liebe Leserinnen und Leser,

nach seiner Einweihung vor 125 Jahren hatte sich unser prächtiges Rathaus schnell zu einem Wahrzeichen Hamburgs entwickelt. Hier schlägt das Herz unserer Demokratie mit Sitz der Hamburgischen Bürgerschaft und des Senats. Es ist ein historischer Ausdruck der Verbundenheit und Zusammenarbeit, wenn Parlament und Regierung unter den Spielregeln der Gewaltenteilung unter einem Dach arbeiten. Die kurzen Wege sorgen für den engen Austausch der politisch Verantwortlichen – und doch schaffen Diele und Säle in der Mitte des Rathauses Raum für die nötige politische Distanz zwischen den beiden Gewalten.

Alles andere als distanziert ist das Rathaus heute ein besonderer Ort für Bürgerinnen und Bürger. Die Diele wird als Ausstellungsfläche genutzt und bei täglichen Führungen, die sich bei Jung und Alt großer Beliebtheit erfreuen, geht es um die Geschichte des Hauses, aber auch um eine wichtige Botschaft: Wir möchten das Bewusstsein für Politik und Demokratie stärken und unsere Handlungen zum Wohle der Gemeinschaft transparent machen.

So, wie es uns die lateinische Inschrift über unserem Rathausportal lehrt: „Die Freiheit, die schwer errungen die Alten, die Nachwelt möge sie würdig erhalten."

Allen Leserinnen und Lesern wünsche ich viel Freude beim Stöbern und Entdecken der Buch-Chronik. Ich danke allen, die daran mitgewirkt haben, und besonders unserem Haus- und Hoffotografen Michael Zapf.

Ihre Carola Veit
Präsidentin der Hamburgischen Bürgerschaft

Dr. Peter Tschentscher
Erster Bürgermeister der Freien und Hansestadt Hamburg

Liebe Leserinnen und Leser,

die Einweihung des Hamburger Rathauses am 26. Oktober 1897 wurde seinerzeit groß gefeiert: Die öffentlichen Gebäude und Schiffe im Hafen waren beflaggt, in der Innenstadt gab es ein Volksfest, die Kinder hatten schulfrei.

Die Hamburgerinnen und Hamburger waren stolz auf ihr neues Rathaus. Es war mit einer aufwendigen Statik auf 4.000 Holzpfählen errichtet worden und mit seiner Heizung und elektrischen Lampen für die damalige Zeit sehr modern. Die kunstvolle Gestaltung der Fassade und der Räume mit zahlreichen Details aus der Hamburger Stadtgeschichte sind noch heute beeindruckend.

In der Bürgerschaft und im Senat saßen zur Zeit der Einweihung des neuen Rathauses allerdings vor allem vermögende Kaufleute und Juristen. Gewählt werden konnte nur, wer männlich war und ein hohes Jahreseinkommen hatte. Erst mit der Einführung des allgemeinen Wahlrechts 1919 wurde das Rathaus später tatsächlich zu einem Haus für alle.

Das Buch zum 125-jährigen Jubiläum des Rathauses erinnert an die damalige Zeit und den Weg Hamburgs in die Demokratie. Die Fotos und Texte stellen das Rathaus in seinen vielen Facetten dar und informieren anschaulich über die wechselvolle Geschichte unserer Stadt.
Ich wünsche viel Freude bei der Lektüre und danke allen, die an dem Jubiläumsbuch mitgewirkt haben.

Dr. Peter Tschentscher
Erster Bürgermeister der Freien und Hansestadt Hamburg

Unser Rathaus wird 125 Jahre alt – wer ist das „Wir"?

Mit dem Bau des Rathauses vor über 125 Jahren wollte man „mehr als eine Unterkunft für Behörden und Regierungsstellen" schaffen, das Rathaus sollte repräsentieren, es sollte dem Stolz eines selbstbewussten und gediegenen Bürgertums Ausdruck geben."[1] Seine Architektur sollte Wohlhabenheit, Solidität und sicheren Reichtum der Freien und Hansestadt Hamburg Ausdruck verleihen und der Grundriss den Geist der damaligen Hamburger Verfassung von 1860/79 durchdringen. „Die höchste Staatsgewalt steht dem Senate und der Bürgerschaft gemeinschaftlich zu", war darin zu lesen. „Von diesem Nebeneinander der beiden verfassungsmäßigen Körperschaften ging die Grundrissgestaltung aus. Alle Entwürfe bewahrten peinlich das Gleichgewicht zwischen Senats- und Bürgerschaftsräumen."[2]

Aber in die damalige Verfassung war noch nicht die verfassungsgebundene Gemeinschaft aller Hamburgerinnen und Hamburger in einer Gemeinschaft von Gleichheit und Verantwortung eingeschrieben. Zum Zeitpunkt, als das Rathaus gebaut wurde, gab es kein allgemeines, gleiches, freies und geheimes Wahlrecht – geschweige denn ein Wahlrecht für Frauen. Im Jahr 101 nach der ersten demokratischen Verfassung Hamburgs – jener von 1921 – und im Jahre 70 der ersten Verfassung nach dem Nationalsozialismus feiern wir ein Gebäude, an dessen Symbolik über die ersten 125 Jahre seines Bestehens wir durchaus Fragen stellen dürfen.

Dieses Buch formuliert sie für uns – entlang von 125 Orten im Rathaus, an seiner Fassade und um das Gebäude herum. Die jeweiligen Texte ordnen die Stationen aus heutiger Sicht ein. Dabei wird das Rathaus als ein Symbol von Herrschaft in all ihren Wechselfällen der letzten 125 Jahre und in seiner heutigen Bedeutung als Symbol der Demokratie und zugleich als bauliches Juwel in der Stadt betrachtet.

Die Kernstruktur des Hauses – die beiden Aufgänge zu den zwei Gewalten – ist besonderer Ausdruck des Verständnisses von Politik in unserem Stadtstaat. Die Trennung der Gewalten im Rathaus in Senatsseite und Bürgerschaftsseite führen doch zu einer gemeinsamen Nutzung der Räume zwischen beiden einschließlich des großen Festsaales. Kommunikation, Verhandlung, gemeinsame Verantwortung sind es, die das Haus prägen.

Schon zum 100. Geburtstag des Rathauses hatte die Landeszentrale für politische Bildung durch Helga Kutz-Bauer und durch Rita Bake und Birgit Kiupel zwei Publikationen zum Rathaus herausgegeben. Sie beide besaßen einen neuen, eher ungewöhnlichen Blick auf den Bau und seine Bedeutung. Während Helga Kutz-Bauer die Geschichte des Erbauens auch als Geschichte des Zusammenwirkens der beteiligten Hand-

Dr. Sabine Bamberger-Stemmann
Direktorin der Landeszentrale für politische Bildung Hamburg

werker und Arbeiter im späten Kaiserreich verstand, blickten Rita Bake und Birgit Kiupel hinter die Kulissen, hinter den Rathausschmuck, hinter die Bedeutung der Raumnutzungen und Ordnungen.

Zum 125. Geburtstag des Rathauses freue ich mich für die Landeszentrale für politische Bildung, dass es gelungen ist, auf Initiative von Michael Zapf und mit maßgeblicher wissenschaftlicher Expertise von Rita Bake und ihr als Hauptautorin sowie der Mitwirkung weiterer Autorinnen und Autoren Aspekte der politischen Bildung im und am Rathaus sichtbar zu machen. Was auf den ersten Blick wie ein weiterer touristischer Führer oder ein schöner, ein dekorativer Band zum Rathaus erscheinen könnte, ist auf den zweiten ein anhand von 125 Stationen erklärtes Funktionieren unseres Gemeinwesens, unserer Verantwortungsgemeinschaft im demokratischen Hamburg. Das Rathaus selbst ist ein kollektiver Erinnerungsort, ein Lieu de Mémoire (Pierre Nora), und es enthält in sich eine Vielzahl weitere Erinnerungsorte: So wird in ihm sichtbar, wie Bürgerschaft und Senat arbeiten und welche Funktionen sie haben. Beispielsweise wehte am Phönixbalkon 1919 die rote Fahne, verschiedene Figuren, die auf Berufsgruppen verweisen, machen aufmerksam auf das Wahlrecht damals, die Handwerkerjungen in der Turmhalle zeigen, wann man wahlberechtigt wurde. Im Plenarsaal hören Sie Stimmen aus dem Parlament: Auszüge aus Reden der letzten 125 Jahre. Und in der Rathausdiele geht es um Medaillons zu Ehren von jüdischen Bürgern, die von den Nationalsozialisten abgeschlagen und nach dem Zweiten Weltkrieg wieder angebracht wurden.

Das Rathaus fungiert zum einen als Symbol unserer Verfassung – und erinnert zugleich, etwa mit Blick auf die Stolpersteine für die ermordeten Bürgerschafts- und Senatsmitglieder im Nationalsozialismus, an die Tatsache, dass eine Demokratie grundsätzlich verteidigt und weiterentwickelt werden muss. Manches bauliche Detail im Rathaus lässt sich auch in der Gegenwart neu lesen, wie der Hygieia-Brunnen, der an die furchtbare Cholera-Epidemie erinnern sollte – und uns nun zum Nachdenken über soziale und gesundheitspolitische Fragen im Angesicht neuer Epidemien bewegen kann.

Die Landeszentrale stellt dieses Buch allen weiterführenden Hamburger Schulen zur Verfügung – als Geschenk zum 125. Jubiläum des Rathauses und als Material für politische Bildung und zur Bildung in unserer und für unsere Demokratie.

Dr. Sabine Bamberger-Stemmann
Direktorin der Landeszentrale für politische Bildung Hamburg

1. Juli 1889: Aus dem Keller rausgemauert: der Bau des Hamburger Rathauses. Im Hintergrund die Börse.

IM LAUFE DER ZEIT

Schlaglichter auf die wechselvolle Geschichte des Hamburger Rathauses
Es begann mit der Genehmigung des Wiederaufbauplanes durch die Rats- und Bürgerdeputation am 15. August 1843. Die Grundsteinlegung erfolgte am 8. Mai 1886, 1897 wurde das neue Rathaus eingeweiht. Seit 125 Jahren ist es das politische Kraftzentrum Hamburgs. Ein Symbol für den bürgerlichen Freiheitsgeist und das Selbstbewusstsein der Hanseatinnen und Hanseaten.

5. auf den 6. Mai 1842 | Während des Großen Brands von Hamburg im Jahre 1842. Im Hintergrund das bereits brennende alte Rathaus kurz vor seiner Sprengung von der Straße Neß aus gesehen.

Rathausgrundstück gesucht

So selbstverständlich, erhaben und majestätisch, wie das Hamburger Rathaus heute die Front des Rathausmarktes prägt und in Verbindung mit der ehemaligen Börse und heutigen Handelskammer den symbolträchtigen Mittelpunkt der Hansestadt bildet, kann man sich kaum mehr vorstellen, dass es nicht immer so war, und noch viel weniger, dass es um den Standort viel Streit und Diskussionen gegeben hat. Ausgangspunkt war der verheerende „Große Brand" (> Nr. 60) zwischen dem 5. und 8. Mai 1842, dem von der Deichstraße bis zur heute noch so bezeichneten Straße Brandsende im Nordosten fast ein Drittel der Innenstadt zum Opfer fiel und der auch das damalige Stadtzentrum mit dem mittelalterlichen Rathaus an der Trostbrücke völlig vernichtete.

Lediglich die erst im Jahr zuvor 1841 fertiggestellte Neue Börse konnten dank des unermüdlichen Einsatzes der Bürger und Rettungskräfte vor den Flammen bewahrt werden. (> Nr. 64) Folgerichtig drehten sich die Planungen zum Wiederaufbau der Stadt auch alle um die sinnvolle Integration dieses einzig verbliebenen repräsentativen Staatsbaus im Brandgebiet. Hiermit wurde am 12. Mai 1842 der englische Ingenieur William Lindley (> Nr. 64, Nr. 122) beauftragt und ihm am 17. Mai 1842 eine Technische Kommission zur Seite gestellt, die sich aus den drei obersten Baubeamten der Stadt sowie drei Hamburger Privatarchitekten zusammensetzte.

Die streitigen Diskussionen um den Wiederaufbauplan in seinen Alternativen und Varianten zwischen Mai und August 1842 innerhalb der Technischen Kommission und der ihr übergeordneten Rat- und Bürgerdeputation gehören zu den spannendsten Kapiteln der Hamburger Stadtbaugeschichte. Sie drehten sich in Anbetracht der Größe des zerstörten Gebietes vorrangig um Fragen der verkehrlichen, stadttechnischen und nutzungsseitigen Erneuerung der Stadt, aber eben auch um gestalterische Themen, unter denen die Standortfrage für ein neues Rathaus sicherlich zu den bedeutsamsten gehörte.

Zu Beginn der Wiederaufbauplanungen wurde als naheliegender Ort für das neue Rathaus immer das Areal südlich der erhalten gebliebenen Neuen Börse gesehen und damit der Adolfsplatz zum repräsentativen Staatsbautenplatz bestimmt. So schon im ersten Plan von William Lindley vom 12. Mai 1842, aber auch in jenen von Alexis de Chateauneuf vom 19. bzw. 25. und Gottfried Semper vom 21. bzw. 26. Mai 1842, die – trotz heftiger Kritik an dem technokratischen und unkünstlerischen Entwurf Lindleys – seinen Vorschlag für den Standort der Staatsbauten nicht infrage stellten, wenn auch in einem ästhetisch sehr viel anspruchsvollerem Gesamtkonzept. Auch Carl Ludwig Wimmel und Paridom Gottlob Heinrich schlossen sich in ihrem Plan vom 26. Juni 1842 noch diesem Vorschlag ▶

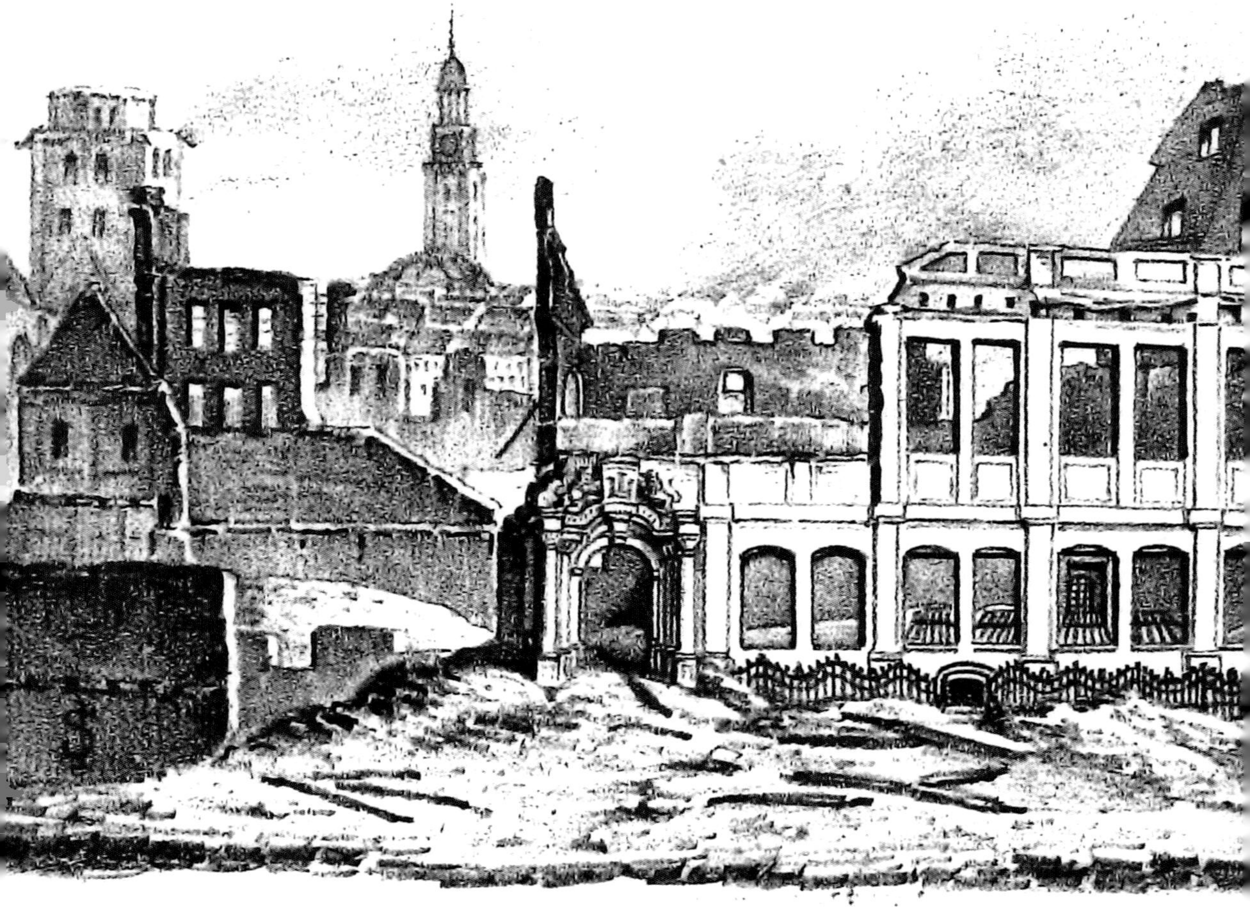

an, obwohl Chateauneuf in einem Entwurf vom 8. Juni 1842 schon weiter gegangen war und das neue Rathaus am Altem Wall mit Ausrichtung zum Mönkedammfleet angeordnet und dieses zugleich bis an den Adolfsplatz herangeführt hatte, um eine freie Blickbeziehung auf die Börse zu eröffnen.

Mit dieser Lösung jedoch unzufrieden, schlug er wenige Wochen später am 14. Juli 1842 die Verlegung des Rathauses auf die Rückseite der Neuen Börse an das Alsterfleet vor. Er hatte zum einen die Fläche für das Rathaus und zum anderen den Adolfsplatz als zu klein für die beiden Staatsbauten empfunden. Stattdessen positionierte er nun das Rathaus als Abschluss des Alten Walls im rechten Winkel nördlich zur Börse, sodass die beiden Gebäude zwei Seiten eines neuen Platzes für die Staatsbauten bildeten. Auf der Rückseite regte er eine Gartenterrasse zum Alsterfleet und eine breitere Kleine Alster an, womit erstmals auch vom Jungfernstieg und der Reesendammbrücke eine Blickbeziehung auf das neue Rathaus ermöglicht wurde.

Die anderen Mitglieder der Technischen Kommission mochten sich diesem Vorschlag wegen des Verlusts wertvoller privater Grundstücke an der

1842 | Die Ruine des alten Rathauses nach dem Großen Brand und nach der Sprengung. Die vom Brand verschonten Kaiserfiguren an der Fassade des alten Rathauses sind heute zum Teil in den Fassaden des Museums für Hamburgische Geschichte integriert.

Alster aber gar nicht anschließen und brachten in ihrem Plan vom 3. August 1842 stattdessen einen Bauplatz direkt an der Rückseite der Börse ins Spiel. Die Fronten verhärteten sich, die übergeordnete Rat- und Bürgerdeputation zeigte sich indes mit keinem der Vorschläge zufrieden, was schließlich Chateauneuf mit seinem Plan vom 12. August 1842 veranlasste, den entscheidenden Schritt zur heutigen Lösung zu unternehmen, indem er sein Rathaus mit einer 90°-Drehung in einer breit gelagerten Figur mit Seitenflügeln hinter der Börse anordnete, zwischen den beiden Gebäuden den kleinen Rathaushof entstehen ließ und vor der Hauptfassade das grandiose L-förmige Raumkunstwerk aus Rathausmarkt und Kleiner Alster mit den großzügigen Blickbeziehungen zur und von der Binnenalster schuf.

Dieser Wiederaufbauplan der Technischen Kommission wurde am 15. August 1842 durch die Rat- und Bürgerdeputation genehmigt. Trotz des zügigen Planungsprozesses sollte es dann bis zur Fertigstellung des Rathausgebäudes noch weitere 55 Jahre dauern – aber das ist eine andere Geschichte (> Nr. 121). JW

6. Mai 1886 | Grundsteinlegung während der Ansprache von Bürgermeister Petersen (> Nr. 77). Blick auf die Rückseite der Bebauung am Alten Wall, links die Börse.

Sommer 1889 | Die Arbeiter und Handwerker in Pose gesetzt. Blick von der Großen Johannisstraße Richtung Alter Wall.

7. Mai 1892 | Richtfeier des Rathauses. Aufrichtung des Richtkranzes.

26.Oktober 1897 | Zwei Hellebardiere an der Brautpforte (> Nr. 124), aufgenommen anlässlich der Einweihungsfeier des neuen Rathauses.

1897 | Der von Martin Haller initiierte „Rathausbaumeisterbund", gemalt von Julie de Boer (> Nr. 121).
Auf dem Gemälde zu sehen sind: links oben stehend: Wilhelm Emil Meerwein (1844-1927), darunter sitzend Martin Haller (1835-1925), daneben Gustav Zinnow (1846-1934), davor Wilhelm Hauers (1836-1905), daneben hinten Bernhard Georg Jacob Hansen (1844-1911), daneben stehend Hugo Stammann (1831-1909), daneben vorne sitzend Johannes Martin Friedrich Grotjan (1843-1922).

26. Oktober 1897 | Das neue Rathaus wird im Großen Saal (> Nr. 82) feierlich eingeweiht.

Frühjahr 1899 | Ein Modell des Rathauses wird auf der Weltausstellung in Paris ausgestellt und gewinnt die Goldmedaille.

28. Juni 1904 | Der britische König Edward VII. besucht Hamburg. Als Geschenk werden ihm zwei Silberkannen aus dem Ratssilber überreicht (> Nr. 91).

31. Dezember 1912 | Volkszählung: Die Einwohnerzahl Hamburgs übersteigt erstmals die Millionengrenze (1.000.903).

5. November 1918 | Novemberrevolution in Hamburg, ein Arbeiter- und Soldatenrat übernimmt am 6. November die Macht, am 12. November wird das Rathaus besetzt (> Nr. 16). Links: Rathausdiele, rechts: Rathausinnenhof.

28. März 1919 | Die Bürgerschaft beschließt die Gründung von Universität und Volkshochschule.

23. bis 25. Juni 1919 | „Sülze-Unruhen“ wegen verdorbener Lebensmittel, Schüsse aufs Rathaus, mehr als 20 Tote, Reichswehr wird zur Hilfe gerufen und sichert Rathaus und Börse (> Nr. 32).

9. Februar 1924 | Das Rathaus wird unter Denkmalschutz gestellt (Nummer 40 auf der Denkmalliste).

17. August 1934 | Hitler auf dem Staatsbalkon des Rathauses.

8. März 1950 | Bundespräsident Theodor Heuss (links) während seines Besuchs neben dem Erstem Bürgermeister Max Brauer (rechts) im Senatstreppenhaus.

1937 | Umbau des Plenarsaals der Bürgerschaft zu einem Ratsherrensaal, kein Redepult mehr, nur noch u-förmig aufgestelltes Gestühl (> Nr. 104).

3. Mai 1945 | Britische Truppen rücken kampflos in Hamburg ein. Im Bürgermeistersaal wird die Stadt übergeben.

6. Juni 1945 | Bürgermeister Petersen erkennt Adolf Hitler und Hermann Göring die Ehrenbürgerwürde ab.

27. Februar 1946 | Erste Sitzung der Ernannten Bürgerschaften im Plenarsaal. Auf dem Präsidentenstuhl General Evelyn Barker. Am Redepult der vorläufige Präsident der Bürgerschaft, Dr. Herbert Ruscheweyh.

6. Juni 1952 | Die neue Verfassung der Freien und Hansestadt Hamburg wird verkündet, und tritt am 1. Juli in Kraft (> Nr. 106).

13. November 1954 | Haile Selassie, Kaiser von Äthiopien: erster großer Staatsbesuch nach dem Krieg. Neben ihm der Erste Bürgermeister Kurt Sieveking.

1950 | Nach der Befreiung vom Nationalsozialismus: Rückbau des Plenarsaals in seine ursprüngliche Form (> Nr. 105).

17. April 1958 | Der Erste Bürgermeister Max Brauer hält auf dem Rathausmarkt eine Rede vor 100.000 Menschen, die gegen die Atombewaffnung der Bundeswehr demonstrieren. Im Bild neben ihm mit Baskenmütze der Schriftsteller Hans Henny Jahnn.

16. und 17. Februar 1962 | Die schwere Sturmflut fordert 317 Tote, 20.000 Menschen werden obdachlos. Auf dem Rathausmarkt findet eine Trauerfeier statt.

7. September 1962 | Der französische Staatspräsident Charles de Gaulle besucht das Rathaus und hält eine Rede vom Staatsbalkon. Im Vordergrund: Madame Yvonne de Gaulle.

28. Mai 1965 | Elisabeth II und Prinz Philip besuchen das Rathaus. Anders als sonst findet der Empfang vor dem Tor des Rathauses statt (> Nr. 24).

18.6.1970 | Beschluss des Bundestages: Absenkung des Wahlalters von 21 Jahren auf 18 Jahre (> Nr. 25).

25. Mai 1964 | US-Senator Edward Kennedy, Bruder des ermordeten US-Präsidenten John F. Kennedy, besucht Hamburg und hält eine Rede vor Studierenden im Audimax.

19. September 1974 | Walter Scheel besucht als Bundespräsident das Rathaus.

3. Oktober 1990 | Die offiziellen Feiern zum ersten Jahrestag der deutschen Einheit finden in Hamburg statt. Es nehmen neben dem Bundespräsidenten Richard von Weiszäcker (2. von rechts) unter anderem Bundeskanzler Helmut Kohl und viele Gäste aus dem In- und Ausland teil.

11. März 1992 | Michail Gorbatschow (links), ehemaliger Staatspräsident der Sowjetunion besucht das Hamburger Rathaus. Rechts: der damalige Erste Bürgermeister Henning Voscherau.

3. Mai 1995 | In Hamburg wird mit einer Kundgebung auf dem Rathausmarkt des Kriegsendes vor 50 Jahren gedacht. Als Gastredner tritt unter anderem Prinz Charles auf. Neben ihm der Erste Bürgermeister Henning Voscherau.

1996 | Die Richter des Internationalen Seegerichtshofes werden in Anwesenheit des damaligen UN-Generalsekretärs Boutros Boutros-Ghali im Rathaus vereidigt.

19. Juli 2007 | Der Dalai Lama besucht Hamburg und trägt sich ins Goldene Buch ein.

2./3. Juli 2000 | UNO-Generalsekretär Kofi Annan besucht Hamburg zur Einweihung des Internationalen Seegerichtshofes und trägt sich mit Frau Nane ins Goldene Buch ein.

26. Oktober 1997 | Festakt im Großen Festsaal anlässlich des 100-jährigen Bestehens des Rathauses.

17. Februar 2006 | Frederik und Mary, das Kronprinzenpaar von Dänemark sind Gäste beim Matthiae-Mahl (> Nr. 89).

26. April 2013 | Antrittsbesuch des Bundespräsidenten Joachim Gauck vor dem Gemälde des Bürgermeisters Petersen (> Nr. 77) im Kaisersaal.

22. Februar 2019 | Der amtierende Bundespräsident Frank-Walter Steinmeier trägt sich ins Goldene Buch ein (> Nr. 59). Dahinter von links nach rechts: Bürgerschaftspräsidentin Carola Veit, das lettische Präsidentenehepaar Iveta Vējone und Raimonds Vējone, Erster Bürgermeister Dr. Peter Tschentscher. Steinmeier und das Präsidentenehepaar sind Gäste beim Matthiae-Mahl (> Nr. 89).

6. Mai 2022 | Bundeskanzler Olaf Scholz tritt im Rathaus anlässlich des 100. Jubiläums des Übersee-Clubs als Festredner auf.

12. Februar 2016 | Der britische Premierminister David Cameron (links) mit Bundeskanzlerin Dr. Angela Merkel (rechts) als Gäste des Matthiae-Mahls (> Nr. 89). Ganz links die SPD-Politikerin Britta Ernst, Ehefrau des Ersten Bürgermeisters Olaf Scholz (ganz rechts).

8. – 10. Juli 2022 | Die Bürgerschaft veranstaltet als Zeichen der Solidarität ein Kinderfest für geflüchtete ukrainische Kinder und ihre Familien im Rathaus.

22. Juli 2022 | Nach dem Tod von Ehrenbürger Uwe Seeler wird ein Kondolenzbuch (> Nr. 88) im Rathaus ausgelegt.

II.

125 GESCHICHTEN

Mehr als
Parlaments- und
Regierungssitz:
Das Hamburger
Rathaus ist
ein Spiegel der
Geschichte.
Ein Rundgang in
125 Stationen.

Rathaus und Rathausmarkt aus der Luft.

1.

DER RATHAUSMARKT

Ein Platz mit Geschichte – Der Rathausmarkt spiegelt die Geschichte Hamburgs mit ihren Höhen und Tiefen. Er war Schauplatz gewalttätiger Demonstrationen, bürgerlicher Solidarität und großer historischer Ereignisse.

Rathaus und Rathausmarkt im frühen Morgenlicht. Blick auf die Alsterarkaden, im Bild rechts.

1 Ein politisches Open-Air-Zentrum

Rathausmarkt Den heutigen Platz gab es schon nahezu 50 Jahre vor dem ersten Spatenstich für den Bau des neuen Rathauses. Somit hätte er sogar mehr über die wechselvolle Geschichte der Stadt als das Rathaus selbst zu erzählen. Seine Lage ist in Bezug auf die mittelalterliche Stadt eher am Rande zu verorten. Zwar gab es hier, bedingt durch den 1841 erfolgten Abriss des St.-Johannis-Klosters (> Nr. 3), schon vorher viel Freifläche, aber so recht konnte damit keiner etwas anfangen. Nicht einmal ein Markt wurde dort abgehalten (genau wie auf dem Gänsemarkt nie irgendwelches Federvieh vermarktet wurde). Im Zuge der Revolution 1848/49 und der vorübergehenden Besetzung durch preußische Truppen wurde er jedoch als politisches Zentrum gesehen, obwohl das Rathaus noch gar nicht gebaut worden war und Senat und Bürgerschaft noch in der Admiralitätsstraße und im Haus der Patrioten an der Trostbrücke tagten.

Neben seiner Rolle als Ort für Festivitäten, zum Beispiel der Feierlichkeiten anlässlich der Proklamation des Königs von Preußen zum Deutschen Kaiser 1871, wurde er bald auch zum Verkehrsknotenpunkt für den öffentlichen Nahverkehr (bis 1978, als der Straßenbahnverkehr in Hamburg eingestellt wurde). Nach dem Ersten Weltkrieg kam es auf dem Platz zu einer Reihe von Massenkundgebungen, die zum Teil in blutige Auseinandersetzungen ausarteten. 1920 richtete man daher einen „Bannkreis" ein, der einen großen Teil der Stadt rund um den Rathausplatz umfasste. Nach der Machtübernahme durch die Nationalsozialisten wurde der Platz als politische Bühne für Inszenierungen im Sinne der nationalsozialistischen Ideologie missbraucht. Solchem Missbrauch setzte 1952 die „Verordnung über den befriedeten Bannkreis des Rathauses" (> Nr. 7, Nr. 116) grundsätzlich ein Ende.

In den folgenden Jahrzehnten war der Rathausmarkt immer wieder Schauplatz politischer Kundgebungen, so 1958 gegen Atombewaffnung, 1963 für die Sturmflutopfer, 1990 zur Feier der Wiedervereinigung Deutschlands oder 2022 anlässlich des Angriffs Russlands auf die Ukraine. **JF**

Demonstration der Seeleute vor dem Rathaus 1918.

„Wörmann
Linie"
Hamburg
Süd"

Ansicht der Neuen Burg im 11. Jahrhundert am heutigen Nikolaifleet an der Alster (Illustration: Roland Warzecha).

2 Mythos „Alsterburg“

Unter dem Kloster 1886 klaffte mitten in der mittelalterlichen Altstadt eine gigantische Baugrube, 118 Meter lang, 50 Meter breit und 5,50 Meter tief. Hier sollte einst das Rathaus stehen. Doch zunächst stieß man auf Fundamente solchen Ausmaßes, dass man sie, im Gegensatz zur sonst üblichen Praxis, nicht einfach beseitigte, sondern säuberlich vermaß und dokumentierte.

In der südöstlichen Ecke der Grube, dort, wo sich heute der Ratskeller befindet, fanden sich besonders mächtige Granitfindlinge, die auf 3 Meter langen, dicht gepackten Rammpfählen ruhten. Die Mauerstärke von bis zu 4 Metern und der ungewöhnliche Grundriss von 14 mal 18 bis 20 Meter ließen Ernst Heinrich Wichmann an einen „hohen, festen Turm“ denken. Der Stadthistoriker war bald überzeugt, die legendäre Alsterburg aus dem 11. Jahrhundert entdeckt zu haben, von der der Chronist Adam von Bremen in seiner um 1075 verfassten Hamburgischen Kirchengeschichte berichtet. Adam zufolge soll der Landesherr Herzog Bernhard II. von Sachsen aus dem Geschlecht der Billunger nach Aufgabe der Hammaburg um 1040 eine neue Residenz errichtet haben.

Obwohl der Chronist keinerlei Angaben über die Lage oder das Aussehen dieser Residenz macht, gewinnt sie bei Hamburger Lokalforschern im Laufe der Jahrhunderte immer klarere Konturen. So heißt es irgendwann, das Gebäude habe aus Stein bestanden – was im 11. Jahrhundert allerdings eine große Besonderheit gewesen wäre, da man damals ausschließlich in Holz baute (auch in der Hammaburg war kein einziger Stein verbaut) –, und der Bau

wird an der Alster verortet. Man vermutete diese Alsterburg nördlich der Hammaburg im Bereich des späteren Zuchthauses, wo sich heute die Straßen Alstertor und Raboisen kreuzen. Gefunden wurde sie dort allerdings nie. Entsprechend groß war die Entdeckerfreude Wichmanns, als er in der Rathaus-Baugrube, immerhin fast 400 Meter südwestlich des bis dahin vermuteten Standorts, die herzogliche Burg gefunden zu haben glaubte und sie kurzerhand zur Turmburg nach dem Vorbild englischer „Normannentürme" erklärte.

Die Sache hat allerdings gleich mehrere Haken: Die Zwischenräume der Granitfindlinge sind mit Ziegelschutt gefüllt. Ziegelsteine aber fanden in Hamburg erst ab dem frühen 12. Jahrhundert Verwendung. Und auch die Konstruktion spricht gegen eine frühere Datierung: massive Pfahlrammungen kennt man in Hamburg erst aus deutlich späterer Zeit – nämlich der Gründungsphase des Dominikanerklosters St. Johannis, das genau hier ab 1236 erbaut worden ist und dessen Grundmauern beim Rathausbau freigelegt worden sind (> Nr. 3).

Die ominöse Alsterburg hat es vermutlich nie gegeben. Zwar ließ Herzog Bernhard II. tatsächlich eine Burg errichten, und diese lag auch an der Alster. Aber sie wurde nicht nach dem Fluss benannt; sie löste die alte Burg, also die Hammaburg, ab und wurde schlicht als Neue Burg bezeichnet, wie sie bis heute heißt. Genau wie ihr Vorgänger Hammaburg war auch die Neue Burg eine Ringwallanlage, erbaut aus Holz und Erde. Ein steinerner „Normannenturm" ist in dieser Zeit in Hamburg undenkbar. RMW

3 Zwei Klöster im Untergrund

St.-Johannis-Kloster Im Mittelalter standen, wo sich heute ein Teil des Rathausmarktes bis zur linken Gebäudeseite des Hamburger Rathauses erstreckt, das 1236 gegründete Dominikanerkloster St. Johannis und die Johanniskirche (> Nr. 2). Im Zuge der Reformation wurden 1529 jedoch alle katholischen Klöster im protestantischen Hamburg aufgehoben. In einem Teil des St.-Johannis-Klosters wurde die Gelehrtenschule des Johanneums untergebracht, an der später auch Georg Philipp Telemann wirkte (> Nr. 4). In einen anderen zogen im Jahr 1531 neunzehn Nonnen des aufgelösten Zisterzienserinnen-Klosters Herwadeshude (Harvestehude) und ließen sich die heruntergekommenen ehemaligen Mönchszellen in neunzehn Zweizimmerwohnungen umbauen.[1)]

Später wurden aus den Nonnen Stiftsdamen des 1536 gegründeten Evangelischen Conventualinnenstiftes für unverheiratete Hamburger Bürgertöchter, die keusch zu leben und Unterricht zu erteilen hatten. Aufgenommen wurden nur ehelich geborene Töchter des Hamburger Bürgertums. Viele Eltern ließen ihren Töchtern schon im Kindesalter einen Platz im Stift reservieren, um sie materiell versorgt zu wissen, falls sie unverheiratet bleiben sollten. 1829 wurde das Gebäude abgerissen. Seit 1914 befindet sich das „Kloster St. Johannis", nun ein Stift für alleinlebende Damen ab dem 60. Lebensjahr, in der Heilwigstraße im Stadtteil Harvestehude.

St.-Maria-Magdalenen-Kloster Und noch ein Kloster: Hinter dem heutigen Rathaus, wo seit 1841 die Börse steht, befand sich einst das 1227 erbaute St.-Maria-Magdalenen-Kloster (> Nr. 2), gestiftet von Adolf IV., Graf von Schauenburg und Holstein (1205–1261). Der hatte in der Schlacht von Bornhöved gegen die Dänen das Gelübde geleistet, im Falle des Sieges der Tagesheiligen ein Kloster erbauen zu lassen, in das er selbst eintreten wolle. Die Tagesheilige war Maria Magdalena, eine der ersten Jüngerinnen Jesu.

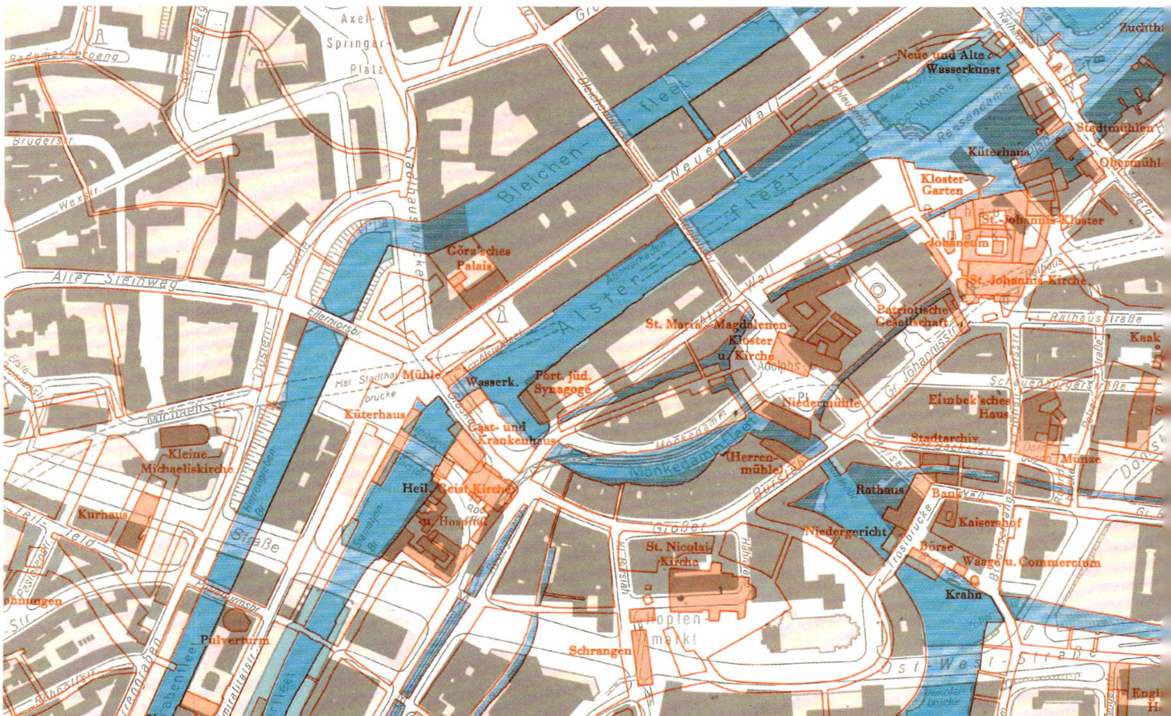

Die Schlacht von Bornhöved entschied Maria Magdalena der Sage nach, indem sie ihre Schürze abnahm und vor die Sonne hielt. Somit waren die Soldaten des Grafen von Schauenburg nicht mehr geblendet und errangen den Sieg über die Dänen, der historisch darüber entschied, dass Holstein-Stormarn dem damaligen Deutschen Reich erhalten blieb. Zwölf Jahre nach seinem Sieg in dieser Schlacht trat Adolf IV. 1239 tatsächlich als Bettelmönch in das Kloster ein.[2] Im Zuge der Reformation wurde auch dieses aufgelöst. 1531 zog das Hospital zu St. Elisabeth mit zwanzig mittellosen, bettlägerigen Frauen in die leerstehenden Klosterräume. Später wurden Wohnungen für Witwen und Jungfrauen eingerichtet. In das Stift aufgenommen wurden Frauen, Witwen oder Jungfrauen evangelischen Glaubens, die mindestens 45 Jahre alt sein und ein ziemlich hohes Eintrittsgeld zahlen mussten. Um Platz für den Börsenbau zu schaffen, wurde das Kloster 1838/39 abgerissen. Das Stift zog in einen Neubau am Glockengießerwall 1/Ecke Spitalerstraße. An dieser Stelle steht heute das 1903 erbaute Kontorhaus Klosterburg.

RB und BK

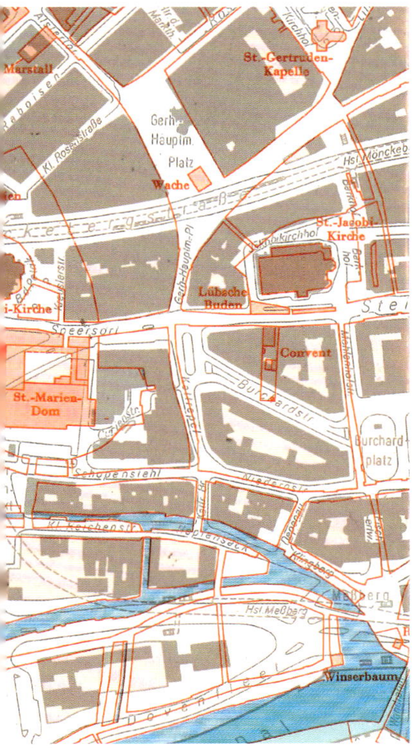

Links: Plan von der Hamburger Innenstadt, darin eingezeichnet die ehemalige Lage des St.-Johannis- und des St.-Maria-Magdalenen-Klosters auf dem heutigen Gelände des Hamburger Rathauses. Rechts: Vom Dominikanerkloster St. Johannis zum evangelischen Conventualinnenstift für ledige Frauen.

4 Erinnerung an ein Musik-Genie

Gedenkplatte für Georg Philipp Telemann Eine große flache Gedenktafel links neben dem Eingang zum Rathaus erinnert an den Musikdirektor und bedeutenden Komponisten der Barockzeit Georg Philipp Telemann (1681–1767). Er war 46 Jahre lang Kantor der Gelehrtenschule des Johanneums, das hier einst stand (> Nr. 3). Als Musikdirektor der fünf Hauptkirchen und Direktor der Oper sowie als erster Organisator des Hamburger Konzertlebens trug er wesentlich zu Hamburgs Ruf als bedeutende Musikmetropole bei. Telemann, der im Alter von zwölf Jahren seine erste Oper komponierte, hinterließ ein umfangreiches musikalisches Werk. Bestattet wurde er auf dem Friedhof des St.-Johannis-Klosters, der ungefähr an dieser Stelle lag (> Nr. 3).

Vor seiner Hamburger Zeit lebte und arbeitete

Gedenkplatte für Georg Philipp Telemann vor dem Hamburger Rathaus.

er als staatlicher Musikdirektor in Frankfurt a. M. In zweiter Ehe, die er als Witwer und Vater eines kleinen Kindes im Alter von 33 Jahren eingegangen war, war er mit Maria Catharina Textor verheiratet. Das Paar hatte neun Kinder. Auf dramatische Szenen einer Ehe deuteten 1724 eine Satire in der moralischen Wochenschrift Patriot und ein Marionettenspiel hin, das zur Oper „Don Quixotte im Mohren-Gebürge" aufgeführt werden sollte – aber verboten wurde. Hier wurde Maria Catharina Untreue unterstellt. Aber auch Georg Philipp schien kein Musterbeispiel ehelicher Tugend gewesen zu sein. So wurde er im Gewand eines gewissen Kilian vorgeführt, „als wie ein alter Hirsch" in der Brunft „mit seiner Heerde Hindinn an der Seit".

Das Paar trennte sich, blieb aber in Kontakt – so führte Maria Catharina die Buchhaltung während Georg Philipps Reise nach Paris 1737 bis 1738 und betreute die Kinder, ehe sie zu ihrer Familie nach Frankfurt zurückkehrte. BK

Heinrich-Heine-Denkmal vor dem Rathaus.

5 „Schöne Wiege meiner Leiden"

Heinrich-Heine-Denkmal Ein Bein angewinkelt, das Kinn auf die Hand gestützt, blickt Heinrich Heine nachdenklich von links in Richtung Rathaus. Und auf ganz Hamburg, möchte man ergänzen: Der Dichter, Schriftsteller und Journalist Heinrich Heine (1797–1856) pflegte eine ambivalente Beziehung zur Hansestadt.

In Düsseldorf geboren, kam er mit 19 Jahren an die Elbe, um im Bankhaus seines Onkels Salomon Heine (> Nr. 28, Nr. 60) zu arbeiten. Doch Heinrichs Leidenschaft war schon damals das Schreiben. Ein Jahr später wurden seine Gedichte erstmals veröffentlicht. Und so lässt sich heute behaupten: Heinrich Heine ist in der Stadt, die er einmal als „verludertes Kaufmannsnest" bezeichnete, zum Dichter geworden.

Wegen seiner kritischen, polemischen und satirischen Schriften, in denen er sich immer wieder gegen Obrigkeit und Kirche wandte, war er gefürchtet und umstritten. Im gesellschaftlich wie politisch turbulenten „Vormärz", der Epoche vor der Märzrevolution von 1848, machte Heine sich viele Feinde in Deutschland. 1831 zog er nach Paris, wenig später wurden seine Schriften im Deutschen Bund verboten. Heine starb 1856 im Pariser Exil.

Nach seinem Tod wurde Heinrich Heine zur Symbolfigur, die für Werte wie Meinungsfreiheit und Gerechtigkeit steht, für die er ein Leben lang gekämpft hatte. Nationalisten und Antisemiten hingegen verachteten ihn für seine politische Haltung und seine jüdische Herkunft. Die Nationalsozialisten verbrannten nicht nur seine Bücher, sondern entfernten 1933 auch das Heine-Denkmal im Hamburger Stadtpark (1912 von Hugo Lederer geschaffen) und schmolzen es zu Kriegszwecken ein. In der NS-Presse hieß es dazu: „Es wird dem Empfinden Rechnung getragen, dass diesem volksfremden Literaten kein Ehrenplatz im nationalsozialistischen Deutschland mehr gebührt."

Und so erinnert die Bronzeplastik des Bildhauers Waldemar Otto, die 1981 auf dem Rathausmarkt enthüllt wurde, nicht nur an den Weltliteraten und Weltbürger Heinrich Heine, sondern mit ihren Reliefs und Schrifttafeln auch an die Heine-Zensur durch die Nationalsozialisten und mahnt zum Humanismus, dem Heine sich zeitlebens verpflichtet fühlte.

Dass Heine heute auf dem Rathausmarkt steht, ist dem Publizisten und Maler Arie Goral (1909–1996) und der Heine-Gesellschaft zu verdanken, die für die Realisierung des Denkmals gestritten haben. Es ist, so Goral, „eine unumstößliche und unmissverständliche, damit auch ununterdrückbare, im weitesten Sinne politische Aussage. [...] Wer dieses Denkmal antastet, stellt die Grundlagen der Demokratie in Frage." **RB und BK**

6 Nie wieder Krieg

Barlach-Stele Am Muttertag 1950 organisierte die „Weltorganisation der Mütter aller Nationen“ (kurz: W.O.M.A.N., 1946 unter dem Eindruck des Zweiten Weltkriegs gegründet) eine Kundgebung für die Opfer aller Nationen. Die Kundgebung fand am Hamburger Ehrenmal auf der rechten Seite des Rathausmarktes an der Treppe zur Kleinen Alster statt. Dafür wurde die Bannmeile (> Nr. 116, Nr. 1) aufgehoben. Eigentlich gilt hier – wie auf allen Straßen rund um das Rathaus – ein Versammlungsverbot. Doch es gibt Ausnahmen, die im Bannkreisgesetz nachzulesen sind. An der Kundgebung nahmen auch jüdische Frauen teil, ein Jahr zuvor hatte die W.O.M.A.N. am jüdischen Friedhof einen Kranz niedergelegt.

Die Stele, vom Hamburger Senat Ende der 1920er-Jahre als „Kriegsdenkmal“ für die Stadt in Auftrag gegeben und 1931 eingeweiht, ehrt mit der dem Rathaus zugewandten Seite die getöteten Soldaten des Ersten Weltkriegs („Vierzigtausend Söhne der Stadt ließen ihr Leben für Euch“). Das sieben Meter hohe Relief auf der anderen Seite ist ein Werk des Bildhauers, Zeichners und Autors Ernst Barlach (1870–1938). Es zeigt eine trauernde Schwangere mit ihrer kleinen Tochter und lenkt die Aufmerksamkeit auf die zivilen Kriegsopfer und die Hinterbliebenen. Aus diesem Grund war das Mahnmal „bereits vor seiner Einweihung 1931 bei den Kriegerverbänden, in deutschnationalen Kreisen und bei den Nationalsozialisten heftig umstritten“: Der Fokus auf das Leid der Hinterbliebenen „widersprach der Idee der nationalsozialistischen Machthaber von einer militärischen Gesellschaft“. 1937 entschied die Baubehörde, das Relief durch einen emporfliegenden deutschen Adler zu ersetzen, 1939 wurde er eingeweiht. Nach der Befreiung vom Nationalsozialismus wurde das Barlach-Relief 1949 wiederhergestellt und erinnert seither an die Opfer beider Weltkriege.[1)]

Das Gedenken an die Kriegsopfer und die Mahnung zum Weltfrieden, um einen dritten Weltkrieg zu verhindern, waren die erklärten Ziele von W.O.M.A.N., die „Barlach-Stele“ somit der naheliegende Ort der Kundgebung.

Die Deutschlandzentrale von W.O.M.A.N. war übrigens 1947 von der Hamburger Rezitatorin Vilma Mönckeberg-Kollmar (1892–1985), der Schwiegertochter des Hamburger Bürgermeisters Johann Georg Mönckeberg (1839–1908) (> Nr. 78), initiiert worden. Sie hatte ihren Ehemann und ihren Sohn in den beiden Weltkriegen als Soldaten verloren. **RB und BK**

Die Barlach-Stele erinnert an die Opfer der beiden Weltkriege.

Die eine Seite der Barlach-Stele zeigt eine trauernde Schwangere mit Kind.

KURT ADAMS
'AKTION GEWITTER'
BUCHENWALD
TOT 7.10.1944
GUSTAV BRANDT
MDHB 1931-1933 KPD
ZUCHTHAUS MÜNSTER
ERSCHOSSEN VON SS
APRIL 1945
HUGO EICKHOFF
MDHB 1931-1933 KPD
JG. 1906
VERHAFTET 1944
'AKTION GEWITTER'
SACHSENHAUSEN
SONDERBATAILLON
DIRLEWANGER
TOT 15.12.1944
RUMÄNIEN
HERMANN HOEFER
MDHB 1928-1931 KPD
JG. 1868
VERHAFTET 1944
ZUCHTHAUS COSWIG
TOT AN HAFTFOLGEN
FRITZ SIMON REICH
MDHB 1927-1928
REICHSPARTEI DES
DEUTSCHEN MITTELSTANDES
JG. 1868
DEPORTIERT 1944
THERESIENSTADT
ERMORDET 31.5.1944

7 Erinnerung an die Opfer nationalsozialistischer Herrschaft

Stolpersteine Direkt vor dem Rathaus, auf der linken Seite, liegen seit 2012 zwanzig Stolpersteine für Mitglieder der Hamburgischen Bürgerschaft, die in der NS-Zeit ermordet worden sind: zwölf KPD- und fünf SPD-Mitglieder, zwei Mitglieder der Deutschen Demokratischen Partei bzw. der Deutschen Staatspartei und ein Mitglied der Reichspartei des Deutschen Mittelstands.

Bereits seit 1981 erinnert eine Gedenktafel im Treppenhaus der Hamburgischen Bürgerschaft an die Opfer totalitärer Verfolgung nach 1933, allerdings ohne die Namen der Opfer zu nennen. Stolpersteine sind verlegt für:

- **Dr. Kurt Adams** (15.12.1889 Hamburg–7.10.1944 KZ Buchenwald), MdHB (Mitglied der Hamburgischen Bürgerschaft) (SPD: 1924–1933). 1933 aus dem Staatsdienst entlassen. 24.8.1944 verhaftet, „Aktion Gewitter".
- **Etkar Josef André** (17.1.1894 Aachen, hingerichtet 4.11.1936 Hamburg). MdHB (KPD: 1921–1933). Verhaftet wegen „Vorbereitung zum Hochverrat"; Untersuchungsgefängnis Holstenglacis.
- **Bernhard Bästlein** (3.12.1894 Hamburg, hingerichtet 18.9.1944 Zuchthaus Brandenburg). MdHB (KPD: 1921). Verhaftet 1933.
- **Adolf Biedermann** (30.3.1881 Hamburg–11.5.1933 Recklinghausen). MdHB (SPD: 1919–1927). 11.5.1933 Sturz aus dem Nachtzug, wird tot aufgefunden, Vorgang nie geklärt.
- **Gustav Brandt** (4.4.1894 Wolsdorf, erschossen von der SS im April 1945 Werl). MdHB (KPD: 1931–1933). Verhaftet 1933. Zuchthaus Münster, 1945 Transport Celle.
- **Valentin Ernst Burchard** (26.1.1891 Hamburg, ermordet in Minsk). MdHB (Deutsche Staatspartei: 1932–1933. Deportiert 1941.
- **Dr. Max Eichholz** (3.12.1881 Hamburg, ermordet 12.1.1943 KZ Auschwitz). MdHB (Deutsche Demokratische Partei/Deutsche Staatspartei (1921–1933).
- **Hugo Eickhoff** (26.9.1906 Wandsbek, gest. 15.12.1944 Rumänien). MdHB (KPD: 1931–1933). Verhaftet 1944, „Aktion Gewitter", Sachsenhausen Sonderbataillon Dirlewanger.
- **Dr. Theodor Haubach** (15.9.1896 Frankfurt a.M., hingerichtet 23.1.1945 Berlin). MdHB (SPD: ▶

1927–1929). Mitglied des „Kreisauer Kreises". Verhaftet 1944, Berlin-Plötzensee.

- **Wilhelm Heidsiek** (4.1.1888 Preußisch Oldendorf–7.11.1944 KZ Neuengamme). MdHB (SPD: 1933). Verhaftet 1944, „Aktion Gewitter"; Neuengamme.
- **Ernst Henning** (12.10.1892 Magdeburg, erschossen von SA 14.3.1931 Hamburg-Kirchwerder). MdHB (KPD: 1928–1931). Hamburger Aufstand, Flucht nach Holland, 1924 verhaftet, Festungshaft in Kirchwerder.
- **Hermann Hoefer** (21.8.1868 Hamburg, an den Folgen der Haft gest. 13.12.1945 Hamburg). MdHB (KPD: 1928–1931). Verhaftet 1944, Zuchthaus Coswig.
- **Franz Jacob** (9.8.1906 Hamburg, enthauptet 18.9.1944 Zuchthaus Brandenburg). MdHB (KPD: 1932–1933). Im Widerstand, verhaftet 1933, Sachsenhausen, Zuchthaus Brandenburg-Görden. (> Nr. 104)
- **Friedrich Lux** (28.9.1892 Imten/Ostpreußen, gest. 6.11.1933 Hamburg-Fuhlsbüttel). MdHB (KPD: 1928–1933). Verhaftet 25.7.1933, KZ Fuhlsbüttel, misshandelt in Gestapo-Zentrale.
- **Fritz Simon Reich** (31.8.1868 Königsberg, ermordet 31.5.1944). MdHB (Reichspartei des Deutschen Mittelstands: 1927/28). Deportiert 1944 KZ Theresienstadt.

• **August Schmidt** (13.7.1884 Königsaue bei Quedlinburg, gestorben an den Haftfolgen. 3.8.1939 Hamburg). MdHB (KPD: 1928–1931). Verhaftet 1935, Untersuchungshaft 1936 Gefängnis Hamburg.
• **Otto Schumann** (5.11.1888 Magdeburg–3.5.1945 Cap Arcona/Lübecker Bucht). MdHB (SPD: 1931–1933). Verhaftet 1944, „Aktion Gewitter", Neuengamme, Todesmarsch.
• **Theodor Skorzisko** (9.9.1899 Raschlowitz). MdHB (KPD: 1931–1932). Flucht 1939 Frankreich, interniert in Gurs, Schicksal unbekannt.
• **Ernst Thälmann** (16.4.1886 Hamburg, ermordet 18.8.1944 KZ Buchenwald). MdHB (KPD: 1919–1933). Verhaftet 1933, Zuchthaus Berlin-Moabit, 1937 Gefängnis Hannover, 1943 Haftanstalt Bautzen, 1944 Buchenwald.
• **Hans Westermann** (17.7.1890 Hamburg, erschlagen 16.3.1935 Polizeigefängnis Fuhlsbüttel). MdHB (KPD: 1928–1930). Mehrmals verhaftet, zuletzt 1935 KZ Fuhlsbüttel.

Auch einige Ehefrauen und Töchter von ermordeten Bürgerschaftsabgeordneten waren im Widerstand:

Marie Henning (1895–1948), 1931 nach der Ermordung ihres Mannes Ernst Henning selbst Abgeordnete (KPD), wurde in der NS-Zeit mehrfach von der Gestapo inhaftiert.

Margarethe Hoefer (1896–1983), Tochter von Hermann Hoefer, wurde nach Ausbruch des Krieges mit ihrem Vater Mitglied der kommunistischen Widerstandsgruppe Bästlein-Jacob-Abshagen. Nach beider Verhaftung 1944 wurde sie zu sieben Jahren, ihr Vater zu einem Jahr Zuchthaus verurteilt. Sie kamen in verschiedene Lager und wurden am 23.4.1945 befreit. Hermann Hoefer starb wenige Monate später an den Folgen der Haft.

Johanna Bästlein (1895–1982), Ehefrau von Bernhard Bästlein, wurde zweimal verhaftet, mangels Beweisen aber jeweils wieder freigelassen.

Katharina Jacob (1907–1989), in zweiter Ehe mit Franz Jacob (> Nr. 104) verheiratet, wurde mehrfach von der Gestapo verhaftet und inhaftiert. Mit ihrem Mann und anderen Genossen baute sie die Widerstandsgruppe Bästlein-Jacob-Abshagen mit auf. Im Juli 1944 wurde das Ehepaar Jacob verhaftet und vor den Volksgerichtshof gestellt. Franz Jacob wurde zum Tode verurteilt und hingerichtet, Katharina Jacob aus Mangel an Beweisen freigesprochen, jedoch von der Gestapo als „Schutzhäftling" ins KZ gebracht, wo sie bis zur Befreiung vom Nationalsozialismus inhaftiert war. **RB**

MAX MENDEL

2005 wurde vor dem Hamburger Rathaus rechts vom Eingang ein Stolperstein für Senator Max Mendel (19.5.1872 Hamburg–10.8.1942 KZ Theresienstadt) verlegt. Senator (SPD) 1925–1929, zuständig für Wirtschaftsfragen, deportiert 19.7.1942. Als Kaufmann und Konsumgenossenschaftler war Mendel 1909 in den Vorstand der Konsumgenossenschaft „Produktion" gewählt worden. 1913 wurde er Aufsichtsratsmitglied der Großeinkaufs-Gesellschaft Deutscher Consumvereine. Sein Rückzug aus dem Senat zum 20. Juni 1929 war offiziell mit gesundheitlichen Problemen begründet worden, doch scheint er andere Ursachen gehabt zu haben. „Die Deutschnationale Volkspartei bediente sich im Wahlkampf 1928 des antisemitischen Bildes vom Moloch ‚Produktion'. Wegen seiner gemeinwirtschaftlichen Aktivitäten wurde er zudem aus den eigenen Reihen angegriffen (...). 1929 trat er vorzeitig von seinem Senatorenamt zurück (...) zusammen mit Carl Cohn von der Deutschen Demokratischen Partei als damals letzte jüdische Senatoren."[1] Nach der Machtübernahme durch die Nationalsozialisten durfte Mendel seine Ämter nicht mehr ausüben. Im Juli 1942 wurde er gemeinsam mit seiner Ehefrau ins KZ Theresienstadt deportiert, wo er rund drei Wochen später verstarb.

Detailaufnahme des Flaggenmastes.

8 Das Reich und das Gemüse

Die Sockelreliefs der Flaggenmasten Zwischen dem Heine-Denkmal, den im Pflaster verlegten Stolpersteinen (> Nr. 7) und dem Ehrenmal (> Nr. 6) stehen auf dem Rathausmarkt zwei Flaggenmasten – Insignien der Macht. Es handelt sich um Relikte eines Denkmals für Kaiser Wilhelm I. von 1903 von Johannes Schilling. Der eine Mast trug die Reichsflagge, der andere die Flagge Hamburgs. Beide ragen aus Sockeln empor, die je vier Bronzereliefs zeigen und die das Motto auf der Rathausfassade aufnehmen: „Hamburg und das Reich".

Der „Reichsmast"-Sockel zeigt vorne den „Genius des Ruhms", das neue Reichswappen tragend. Auf den Seiten wird er flankiert von zwei Reitern, die den Krieg und den Frieden (für beide ist das Reich zuständig) symbolisieren. Rückseitig halten Knaben die seit 1871 gültige Reichskarte einer Frau entgegen.

Der „Hamburgmast" präsentiert vorne das große Hamburger Staatswappen über einer Allegorie der Elbe. Seitlich werden der Handel zu Lande (durch eine Merkurfigur mit Füllhorn und Hermesstab versinnbildlicht) und zur See (eine auf einer Hippokampe reitende Ureinwohnerin Nordamerikas mit einem Stückgutballen) beschrieben. Die Knaben auf der Rückseite entrollen die Karte des neuen Freihafens. Geschmückt ist die Szene mit Girlanden aus Vierländer Blumen und Gemüse und Überseefrüchten. JB

Die verschiedenen Statuen an der prachtvollen Rathausfassade erinnern zum Beispiel an die traditionellen hanseatischen Bürgertugenden und würdigen wichtige Berufe.

2.

DIE FASSADEN UND DER TURM

Das Hamburger Rathaus verfügt über 647 Räume auf einer Fläche von 7.840 m^2. Das prachtvolle Gebäude misst 111 Meter in der Länge und 70 Meter in der Breite, der Turm ragt 112 Meter in den Hamburger Himmel. Der Wunsch der Bauherren: Das Gebäude müsse dem Repräsentationsbedürfnis der Hansestadt als Handelsmetropole und freiem Staatswesen entsprechen, was sich auch am Fassadenschmuck zeigen sollte.

Auf der Turmfassade versammelt: das Hamburger Staatswappen (> Nr. 11), die Bürgertugenden (> Nr. 10), das Streben nach Freiheit (> Nr. 9) und die Hammonia (> Nr. 12).

9 Die Freiheit bewahren

Libertatem Quam Über dem Eingangsportal und über der Hammonia (> Nr. 12) ist, in Stein gemeißelt, mit Goldfarbe ausgelegt und vom großen Staatswappen (> Nr. 11) gekrönt, in lateinischer Sprache zu lesen: „Libertatem quam peperere maiores digne studeat servare posteritas". Dem Bürgerschaftspräsidenten Siegmund Hinrichsen (1841–1902), einem auch um Bildung und Kultur hochverdienten jüdischen Mitbürger, ist die gängige deutsche Übersetzung zu verdanken: „Die Freiheit, die schwer errungen die Alten, Möge die Nachwelt würdig erhalten." Gemeint war zunächst die Freiheit und Eigenständigkeit des Stadtstaates nach außen, denn die politische Freiheit im Inneren, die Mitbestimmung aller Hamburgerinnen und Hamburger, wurde erst mit der Bürgerschaftswahl vom 16. März 1919 erreicht (> Nr. 17, Nr. 103). Der Spruch zierte im alten Hamburg das Deichtor und das Millerntor. Ihn im Rathaus aufzunehmen, regte der Archivar und Historiker Otto Beneke (1812–1891) 1882 an. Die Inschrift vom Deichtor kam 1828 ins alte Rathaus, überstand den Großen Brand von 1842 (> Nr. 60) und findet sich als Bauschmuck im Zwerchgiebel des östlichen Risaliten an der Nordseite des Museums für Hamburgische Geschichte. FK

10 Bürgertugenden

Tapferkeit, Frömmigkeit, Eintracht und Klugheit Die lateinische Inschrift „Libertatem quam peperere maiores digne studeat servare posteritas" (> Nr. 9) wird von vier auf Sockeln sitzenden Frauen flankiert. Sie stellen die vier Bürgertugenden dar: Tapferkeit, Frömmigkeit, Eintracht und Klugheit (von links nach rechts), die das Motto umrahmen. Bei den vieren handelt es sich nicht um reale Frauen, sondern um Allegorien (griechisch allegorein = etwas auf andere Weise sagen). Sie hatten die Funktion, abstrakte Begriffe zu veranschaulichen, wofür Frauen als geeignet galten: Sie galten als „unbeschrieben", „rein" und von ökonomischen und staatlichen Kämpfen „unbefleckt" – anders als reale Männer, die verstrickt und auch mit Schuld beladen im Gemeinwesen miteinander konkurrierten. Reale Frauen wiederum durften nicht als handelnde und gleichberechtigte Personen mitwirken. Und so übernahmen fleischgewordene Projektionsflächen weiblichen Geschlechts die Aufgabe, männliche Akteure zu ermahnen, nach den Bürgertugenden zu leben. RB und BK

11 Tor zur Welt

Das große Hamburger Staatswappen Über den vier Bürgertugenden (> Nr. 10) prangt das Hamburger Wappen, gehalten von zwei Löwen. Im Wappen leuchtet über den beiden äußeren Türmen je ein Stern, der mittlere Turm trägt ein Kreuz und stellt den mittelalterlichen Dom dar. Was die Sterne bedeuten, ist umstritten. Für manche Historikerinnen und Historiker handelt es sich um „Mariensterne", ein Relikt aus dem Mittelalter, als Hamburgs Schutzheilige noch Maria, die Mutter Jesu, war (> Nr. 12, Nr. 20). Andere sehen in den Sternen nur heraldische Raumfüllsel.

Welche Sicht man auch teilen mag: Die Marienverehrung spielte im Mittelalter in ganz Europa eine große Rolle. Auch Hamburgs Entscheidungsträger, die Senatoren, pflegten lange eine enge Verbindung: Jeden Morgen vor Beginn der Ratssitzung gingen sie in die Ratskapelle im damaligen St.-Marien-Dom, um die Messe zu hören und die heilige Maria um Beistand bei politischen Entscheidungen zu bitten. Maria traute man zu, Menschen, Städten, Ländern und Nationen wirksam zu helfen – und so wurde sie bei Hunger, Krankheiten und Seuchen wie der Pest um Beistand gebeten. Maria, davon war man überzeugt, konnte Gott dazu bewegen, die Menschen nicht zu bestrafen.

Der Hamburger Reformator Johannes Bugenhagen, dessen Medaillon in der Rathausdiele (> Nr. 28) zu sehen ist, äußerte sich 1529 über den Marienkult kritisch: „Diese Lobpreisung soll sie haben. Doch das ist auch genug. Die aber Maria anrufen und aus ihr eine Mittlerin machen, die uns mit Gott und Christo versöhnen soll, die mögen zusehen, womit sie dies verteidigen können." Der St.-Marien-Dom wurde Anfang des 19. Jahrhunderts abgerissen. RB

Stadtgöttin Hammonia.

12 Führungsqualitäten

Die Stadtgöttin Hammonia thront vor vergoldetem Hintergrund in purpurroten und blauen, mit Hermelin besetzten Gewändern in einer Lünette über dem Haupteingang und dem Staatsbalkon (> Nr. 18). Sie trägt eine Mauerkrone, hält in ihrer rechten Hand einen Lorbeerkranz und in der Linken ein Steuerrad: Wohlbehalten steuert sie die Hamburger Bevölkerung in den sicheren Hafen.

Doch warum spielt eine Stadtgöttin für Hamburg so eine zentrale Rolle? Andernorts wurde vielfach einem „Landesvater", dem Fürsten, gehuldigt, unter dessen „väterlichem Schutz" die „Landeskinder" standen – ein Machtgefüge also, das dem patriarchalen Familienmodell entsprach. In Hamburg gab es eben keinen „Landesvater". Und anders als in adligen Dynastien gab es in einer bürgerlichen Regierung auch keine führenden, einflussreichen adligen Frauen, denen man in der Öffentlichkeit huldigte. Eine Leerstelle, die man möglicherweise schließen wollte, indem man die Rolle der Landesmutter einer „Stadtgöttin" zuwies: der Hammonia.

Die erste allegorische Darstellung Hamburgs als Frau geht wohl auf den Beginn des 17. Jahrhunderts zurück. Doch als Stadtgöttin wurde Hammonia erst rund 100 Jahre später anerkannt, nachdem der Dichter und Ratsherr Barthold Heinrich Brockes (1680–1747) sie in seinem Kantatentext besungen hatte. Ihm zu Ehren ist sein Porträt in der Rathausdiele in Stein gemeißelt (> Nr. 28).

Zweihundert Jahre später entmachteten die Nationalsozialisten die in früheren Jahrhunderten mit Mauerkrone, Merkurstab und dem auf einer Stange getragenen Freiheitshut dargestellte Hammonia. Ihr Freiheitssymbol passte nicht in die braune Ära.

Bis heute wird zu Ehren von Hammonia das Lied „Stadt Hamburg an der Elbe Auen" mit der Textzeile „Hammonia, oh wie herrlich stehst du da" von Nikolaus Bärmann (1785–1850, Sprach- und Handelslehrer) angestimmt, das Albert Methfessel (1785–1869) vertont hat. Sein Porträt ist ebenfalls an einer Rathausdielensäule zu sehen. (> Nr. 28) **BK**

Angeblic
des Frei
1189, da
Staatsar
verwahrt

13 Der Freibrief – nur ein Schwindel?

Kaiser Friedrich I. Barbarossa Rechts oberhalb des Staatsbalkons (> Nr. 18) befindet sich die Statue Kaiser Friedrichs I. Barbarossa (um 1125–1190), der Graf Adolf III., dem Begründer der Gräflichen Neustadt, am 7. Mai 1189 den sogenannten Freibrief für dessen Dienste beim Dritten Kreuzzug überreicht haben soll. Die darin zugesicherten Privilegien waren von fundamentaler Bedeutung für Hamburgs Aufstieg, und so gilt der 7. Mai 1189 als Geburtsdatum des Hamburger Hafens. Erstmals gefeiert wurde der Hafengeburtstag 1939, als Propagandaveranstaltung des nationalsozialistischen Unrechtsregimes – ein Makel, der heute so gut wie in Vergessenheit geraten ist.

Auch der Freibrief selbst ist mit einem Makel behaftet: Das Dokument, das bis heute im Hamburger Staatsarchiv verwahrt wird, ist eine Fälschung. Zu diesem Ergebnis kam 1907 der Archivar Heinrich Reincke. Die Aufmachung, so Reincke, entspreche nicht der einer kaiserlichen Urkunde, die Schrift stamme nicht aus Barbarossas Zeiten, und das angehängte Siegel sei nicht Barbarossa, sondern seinem Enkel Friedrich II. zuzuschreiben. Außerdem seien die auf der Urkunde genannten Zeugen Heinrich von Wida, Graf Hermann von Altendorp und weitere nicht vom Kreuzzug heimgekehrt und hätten auch keine Nachkommen gehabt.

Angefertigt wurde die Fälschung möglicherweise im Zuge des Streits um die vom Erzbischof Hildebrand von Bremen am 29. September 1259 verfügte Erweiterung der Stader Privilegien. Danach sollten alle von See kommenden Schiffe bei Stade anlegen und dort drei Tiden lang bis zur Weiterfahrt ankern. Dies sollte nicht nur der Gründlichkeit der Zollabfertigung dienen, sondern auch ein Anreiz sein, die Schiffsladungen bereits in Stade zu löschen. Um dieses Erzbischöfliche Privileg auszuhebeln, brauchten die Hamburger das Kaiserliche Privileg von Barbarossa, denn es garantierte ihnen freie Schifffahrt bis zur Elbmündung. Da die Suche nach dem Dokument erfolglos blieb, beschloss man vermutlich, ein Duplikat anzufertigen. Ein Original wurde bis heute nicht gefunden. JF

14 Der Gründer Hamburgs

Karl der Große Die Statue Kaiser Karls des Großen, geschaffen vom Münchener Bildhauer Joseph von Kramer, steht an hervorgehobener Stelle am Turm, schräg unter dem Mosaik mit der Stadtgöttin Hammonia (> Nr. 12), auf einem Sockel zwischen zwei hohen Säulen unterhalb des Reichswappens. Die exponierte Platzierung beruht auf dem Mythos Karls des Großen als Gründer Hamburgs, der im 17. Jahrhundert aufkeimte und der von Hamburger Historikern aufgegriffen wurde, die eine 1000 Jahre währende Beziehung der Stadt zum Kaisertum konstruierten. Quellen, die diese These stützen, sind jedoch nicht bekannt. Zwar hat Karl die Christianisierung Nordelbiens vorangetrieben, doch war er vermutlich nie an dem Ort, an dem seit 1897 seine Statue prominent über dem Rathausmarkt thront. JB

15 Hamburg und das Reich

Kaiserstatuen Ein Blick auf die gesamte Hauptfassade zeigt zwischen den Fenstern des „Piano nobile" – des Repräsentationsgeschosses – auf der gesamten Breite 20 überlebensgroße bronzene Kaiserfiguren, jede einzelne etwa 600 Kilogramm schwer.

Es mag verwundern, dass das bürgerliche Rathaus einer Stadtrepublik sich mit Kaiserstatuen ziert; aber bereits an der Fassade des 1842 gesprengten alten Rathauses an der Trostbrücke befanden sich 21 lebensgroße Kaiserfiguren, die dort die Stellung Hamburgs als

Von links oben:
Otto II. (973-983),
Ludwig der Deutsche (843-876),
Konrad I. (911-918),
Heinrich I. (919-936),
Otto I. (936-973).

freie, nur dem Kaiser unterstellte Reichsstadt verdeutlichten. Da „Hamburg und das Reich" eine der Leitideen der künstlerischen Ausschmückung des neuen Rathauses wurde, beschloss die Rathausbaukommission, auch die neue Fassade mit Standbildern ausgewählter deutscher Kaiser zu versehen, um an die mehr als tausendjährige Reichszugehörigkeit und Reichstreue Hamburgs zu erinnern.

An herausgehobener Position, zu beiden Seiten der Loggia des Turmsaals, stehen die ehernen Standbilder von Karl dem Großen (> Nr. 14) und Friedrich I. Barbarossa (> Nr. 13), da diese beiden als besonders verwoben mit der Stadtgeschichte gelten. Für die übrigen 18 Plätze gab es eine lange Vorschlagsliste, die Auswahl war schwierig, da die meisten Kaiser wenig oder fast nichts für Hamburg getan haben. Schließlich wurden links, auf der Seite zur Großen Johannisstraße hin, neun Kaiser ausgewählt, die zwischen 814 und 1137 regierten (z. B. der Karolinger Ludwig der Deutsche, der Ottone Otto I. der Große, der Salier Heinrich III.). Nach rechts, zum Alten Wall hin, von Kaiser Rotbart mit dem Freibrief in der Hand ausgehend, stehen erst Staufer (Friedrich II. mit umgürtetem Schwert) und dann Habsburger (z. B. Maximilian I., der „letzte Ritter" in reichem Gewand) bis zu Franz II., der 1806 als letzter Kaiser des Heiligen Römischen Reiches Deutscher Nation abdankte und daher barhäuptig mit seiner Krone in der Hand abgebildet wurde. Auch der neben ihm stehende Joseph II. hat keine Kopfbedeckung, alle anderen Statuen tragen eine Krone, einen Helm oder eine Kappe. Bei vielen der Standbilder, die von verschiedenen deutschen Bildhauern – nach gleichen Vorgaben – gestaltet wurden, finden sich neben aufwendiger Kleidung oder Rüstung auch die beiden weiteren Reichsinsignien: Zepter und Reichsapfel.

Die Namen der Herrscher stehen in Stein gemeißelt oberhalb jeder Nische. Seit der kostspieligen Restaurierung aller Figuren zum 100-jährigen Rathausjubiläum (1995/97) kann man sie aber auch an Tafeln ablesen, die am Gitter vor den Souterrainfenstern angebracht wurden. JB

Oberhalb des Phönixbalkons: Der Vogel Phönix und darunter ein Bronzerelief des alten Rathauses.

16 Die rote Fahne am Rathaus

Phönixlaube Über dem Hamburger Wappen (> Nr. 11) und unterhalb der Turmuhr befindet sich ein kleiner Balkon, die Phönixlaube. Zu bestimmten Anlässen hisst der Senat hier die Staatsflagge (Senatsflagge), die Bürgerschaft die Landesflagge (> Nr. 18). Über der Balkontür ist der mythische Vogel Phönix zu sehen, im Sockel ein Bronzerelief des alten Rathauses: Erinnert wird damit an den Großen Brand von Hamburg im Jahre 1842 (> Nr. 60).

Im November 1918 jedoch wurde die Phönixlaube zum Symbol für die Novemberrevolution, die Revolutionäre hissten hier die rote Fahne. Es war die Endphase des Ersten Weltkriegs, Lebensmittel waren knapp im Deutschen Reich, immer wieder kam es zu Streiks und Hungerunruhen. Dann, am 3. November 1918, lösten die Kieler Matrosenaufstände die Novemberrevolution aus, die innerhalb von wenigen Tagen alle größeren Städte des Deutschen Reichs erfasste – so auch Hamburg.

Am 6. November 1918 hissten Matrosen hier auf ihren Schiffen die rote Fahne und bildeten Soldatenräte. Bald wehten rote Fahnen über allen Kriegsschiffen im Hafen und an vielen Gebäuden in der Stadt. Tausende Hamburger trugen rote Bänder an ihrer Kleidung. Auf dem Heiligengeistfeld versammelten sich 40 000 Hamburgerinnen und Hamburger, die meisten trugen Arbeitermützen, doch es waren auch Akademiker und Bürgerliche vor Ort – Männer wie Frauen. Das Armeekommando an der Palmaille, auf preußischem Gebiet gelegen, wurde gestürmt, es kam zu Schusswechseln. Als der Oberkommandierende floh, übernahm der Arbeiter- und Soldatenrat die Macht in Hamburg. Während andernorts Regenten abdankten, flohen oder vertrieben wurden und es teilweise zu schweren Auseinandersetzungen kam, verlief die Revolution in Hamburg vergleichsweise friedlich. Am 12. November 1918 wurden Senat und Bürgerschaft abgesetzt, doch bereits am Tag darauf nahm der Arbeiter- und Soldatenrat Verhandlungen mit Senatsvertretern auf. Die „revolutionäre" Erklärung der neuen Machthaber um Heinrich Laufenberg, erster Vorsitzender der Exekutive des Arbeiter- und Soldatenrates Hamburg, Altona und Umgebung, den Linksradikalen zugehörig, zeigte sich besonnen: „Die Gesetze bleiben in Kraft. Das Eigentum wird geschützt. Verträge und gesetzliche Verpflichtungen sind zu erfüllen. Alle Steuern sind zu entrichten. Die Gerichte bleiben in Tätigkeit."

Am 18. November 1918 wurden der alte Senat und die Bürgerschaft wieder in ihren Funktionen als Kommunalverwaltungskörperschaften eingesetzt. Der Arbeiter- und Soldatenrat konnte gegen ihre Beschlüsse zwar ein Veto einlegen, machte von diesem Recht aber kaum Gebrauch. Und so regierten die Revolutionäre und die alte Obrigkeit gemeinsam die Stadt. Zugleich war die Revolution, die das Ende der Monarchie im Deutschen Reich besiegelte und die Gründung der Weimarer Republik einläutete, unumkehrbar. Bald wurden das Frauenwahlrecht sowie das allgemeine, geheime und gleiche Wahlrecht eingeführt (> Nr. 17, Nr. 103). Am 16. März 1919 wurde die Bürgerschaft nach diesem neuen Wahlrecht gewählt.

Vorbei war es mit der Herrlichkeit einer exklusiven Führungsschicht (> Nr. 102, Nr. 69), vorbei indes auch mit dem Arbeiter- und Soldatenrat. In der zweiten Sitzung der neu gewählten Bürgerschaft am 26.3.1919 erklärte er seinen Rücktritt: „Der Arbeiter- und Soldatenrat legt hiermit seine politische Macht, die er auf Grund der Revolution ausgeübt hat, in die Hände der Bürgerschaft zurück." Als äußeres Symbol hierfür wurde die rote Fahne von der Phönixlaube eingeholt.[1)] ST

Bildpostkarte von 1919.

Sandsteinplastiken
an der Hauptfassade.
Sie stellen Berufe dar.

17 Dem Beruf zur Ehr'

Berufsgruppen Sowohl an der Hauptfassade mit Blick zum Rathausmarkt, als auch an den Seitenfassaden zum Alten Wall und zur Großen Johannisstraße befinden sich insgesamt 28 Sandsteinplastiken, die Vertreter verschiedener Berufe zeigen: Kunstmaler, Pastor, Lehrer, Ingenieur, Jurist, Gelehrter, Senator und Bürgerschaftspräsident, Makler, Kaufmann, Bäcker, Gärtner, Schuhmacher, Bierbrauer, Fischer, Schlosser, Schiffer, Schiffbauer, Zimmermann, Tischler, Maurer, Töpfer, Schornsteinfeger, Schlachter, Schneider, Baumeister, Bildhauer und Bauer.

Auswahl von Figuren. Von links nach rechts: Steuermann am Ruder, Fischer mit Fisch, Kunstmaler mit Malpalette, Bäcker mit Topfkuchen, Tischler mit Säge.

Der Rathausbaumeister Martin Haller (> Nr. 102, Nr. 121) hatte das Rathaus als Abbild der Hamburger Verfassung von 1860/79 geplant. Damals bestanden Senat und Bürgerschaft nur aus Männern. Wählen durften nur Männer, die das Bürgerrecht der Stadt hatten. Dafür musste man mindestens 25 Jahre alt sein, Einkommensteuer zahlen und die Pflicht der Stadtverteidigung übernehmen. Von Letzterem konnte man sich allerdings freikaufen. Zu den bürgerlichen Privilegien gehörte es, Grundeigentum zu erwerben, ein Geschäft zu betreiben, eine Ehe zu schließen und die Bürgerschaft zu wählen.

Im Laufe der Zeit schwand die Bedeutung des Bürgerrechts. 1865 wurde die Gewerbefreiheit eingeführt: Fortan durften Männer ein Gewerbe führen oder ein Grundstück kaufen, ohne das Bürgerrecht erwerben zu müssen. Wählen durften jedoch noch immer nur die Bürger – im Jahr 1875 waren das gerade mal 8,7 Prozent der Hamburger. 1896, also ein Jahr vor der Rathauseinweihung, wurde die Gebühr für den Erwerb des Bürgerrechts abgeschafft, doch für die Mehrheit änderte das wenig: Das Bürgerrecht – und somit das Wahlrecht – erhielt nur, wer über mehrere Jahre in Folge ein hohes Mindesteinkommen hatte, das jährlich versteuert wurde. Nicht jeder Handwerker konnte diese Bedingung erfüllen.

Immer entschiedener versuchten auch Angehörige der Arbeiterschaft das Bürgerrecht zu erwerben. Dabei wurden sie von der Sozialdemokratie unterstützt, die zunehmend an Einfluss gewann. Bei der Reichstagswahl von 1890 eroberte die SPD mit 58,7 Prozent der Stimmen in Hamburg alle drei Reichstagswahlkreise. 1901 zog der erste Sozialdemokrat in die Hamburgische Bürgerschaft ein. 1919 erhielten dann endlich alle über 20-jährigen Frauen und Männer das allgemeine, gleiche, geheime und direkte Wahlrecht (> Nr. 103). **RB und BK**

18 Flagge zeigen

Der Staats- und der Phönixbalkon Bei Staatsbesuchen sowie Antrittsbesuchen von Botschafterinnen und Botschaftern und Generalkonsulinnen und Generalkonsuln wird am Staatsbalkon die Landesflagge des Gastlandes gehisst und am Phönixbalkon (> Nr. 16), wenn der Senat die Vertretungen des Gastlandes eingeladen hat, die Flagge mit dem großen Landeswappen (Senatsflagge). Diese umrahmt das kleine Landeswappen, das weiße Tor auf rotem Grund, mit den beiden Löwen und dem Ritterhelm mit Fähnchen. Ist die Hamburgische Bürgerschaft die Gastgeberin, dann wird am Phönixbalkon die Hamburger Landesflagge (weißes Tor auf rotem Grund) gehisst.

An Plenartagen der Hamburgischen Bürgerschaft weht am Staatsbalkon die Fahne der Europäischen Union (12 gelbe Sterne im Kreis auf blauem Grund) und am Phönixbalkon die Hamburger Landesflagge.

Zu bestimmten bundesweiten Feier- und Gedenktagen, an den Wahltagen des Deutschen Bundestags, zur Wahl der Hamburgischen Bürgerschaft und am Wahltag des Europaparlaments wird am Staatsbalkon die EU-Fahne und am Phönixbalkon das große Landeswappen des Senats gehisst. An diesen Tagen wehen an den Flaggenmasten auf dem Rathausmarkt an der Seite zur Mönckebergstraße die Bundesflagge (Schwarz-Rot-Gold) und an der Seite zum Alten Wall die Hamburger Landesflagge. Die Beflaggung der Flaggenmasten auf dem Rathausmarkt wird vom Bezirksamt Hamburg-Mitte übernommen. Über die bundesweiten Flaggentermine hinaus werden in gleicher Weise in Hamburg auch am Neujahrstag (1. Januar) und am Überseetag (7. Mai) am Rathaus und dem Rathausmarkt die Flaggen gehisst.

Zu bestimmten Anlässen kann das Bundesinnenministerium bundesweit, wie auch der Senat beschränkt für das Bundesland Hamburg, eine besondere Beflaggung verfügen. Dazu zählen u. a. auch bundesweite Staatstrauerfälle oder regional für Hamburg verfügte Landestrauerfälle. In diesem Fall werden an den senkrechten Fahnenmasten, wie die auf dem Rathausmarkt, an den Elbbrücken und den Landungsbrücken, die Fahnen auf halbmast gehisst und an den waagerechten Flaggenmasten, wie die am Rathaus, die Flaggen mit einem Trauerflor verziert.

Alle Flaggen werden jeweils zu Sonnenuntergang niedergeholt und dürfen, wenn diese nicht gesondert angestrahlt werden (in Hamburg nicht der Fall), über Nacht nicht gehisst bleiben.

Vom Staatsbalkon weht jährlich seit 2007 zu der Hamburger Pride Week die Regenbogenfahne, Symbol für sexuelle Vielfalt und Toleranz. Und seit 2011 hängt dort jährlich zum Internationalen Tag gegen Gewalt gegen Frauen am 25.11. die Terre-des-Femmes-Fahne „frei leben – ohne Gewalt". Ebenso wird seit 2017 jährlich für eine Woche die Inklusionsfahne „Hamburg wird inklusiv" am Staatsbalkon gehisst, wenn zwischen September und Dezember in Hamburg viele Veranstaltungen stattfinden, um Menschen mit und ohne Behinderung näher zusammenzubringen. Bei diesen inoffiziellen Flaggen wird am Phönixbalkon nicht geflaggt.[1)] AK

Links: die Senatsflagge mit dem großen Landeswappen an der Phönixlaube und die Landesflagge am Flaggenmast auf dem Rathausmarkt. Rechts: die Regenbogenfahne am Staatsbalkon (s. S. 265).

19 „Fortschritt“ und „Stetigkeit“

Rednerfiguren An der Seitenfassade zwischen den drei Fenstern des Plenarsaals zur Großen Johannisstraße stehen zwei „Rednerfiguren“ auf Sockeln, das symbolisierend, was in der Bürgerschaftssitzung getan wird: Reden halten, Debatten führen. Die Figuren werden als „Fortschritt“ und „Stetigkeit“ bezeichnet.

„Die linke Gestalt (‚Fortschritt‘) streckt die rechte (äußere) Hand richtungsweisend voraus und wendet sich mit einer leisen Schulterdrehung zurück zu ihrem konservativen Bruder. Dieser folgt in der Schulterlinie und Blickrichtung dem ausgestreckten Arm des ‚Fortschrittes‘, greift aber mit seiner Rechten zurück und pocht auf das Aktenbündel, das seine Linke hält.“[1] Auf dem linken Sockel („Fortschritt“) ist „Plus ultra“ zu lesen („Immer weiter!“), auf dem rechten („Stetigkeit/Beharren“) „Parta tueri“ („Das Erworbene bewahren!“). RB

20 Von der Mutter Gottes zur Göttin der Gerechtigkeit

Justitia Auf der Nordwestseite am Alten Wall thront an der Seitenfassade die Statue der Justitia. Ursprünglich sollte hier eine Marienstatue stehen, sie fiel jedoch dem damals heftig geführten Streit zwischen katholischer und protestantischer Kirche zum Opfer.

Die Marienverehrung hatte eine lange Tradition in der Hansestadt (> Nr. 11), die über die Reformation hinaus andauerte. Als anstatt der heiligen Maria eine Justitia an der Außenfassade des Rathauses ihren Platz fand, kam es zu heftigen Auseinandersetzungen.

In einem Bericht der Rathausbaukommission aus dem Jahr 1891 heißt es zur Rechtfertigung: „In einer Zeit, wo die katholische Kirche den kirchlichen Frieden durch Verleumdungen, Geschichtsfälschungen, Anmaßungen und Umstrickungen von Unmündigen gefährdet, dürfte von einer protestantischen Stadt der Maria kein Standbild von Staats wegen errichtet werden. Sie bezeichnet ja eben vornehmlich in Lehre und gottesdienstlicher Übung den Unterschied zwischen der protestantischen und katholischen Kirche." **JB**

21 Symbol der Wehrhaftigkeit

Kriegerhelme Am Alten Wall und an der Großen Johannisstraße rechts und links neben der Toreinfahrt zum Rathaushof (> Kapitel 9) haben die Erdgeschossfenster „Schlusssteine erhalten, die durch Kriegerhelme mit weit aufstarrendem Visier den Wehrcharakter dieser Gebäudeteile unterstreichen"[1]. Betrachtet man die Helme genauer, entdeckt man als Trägerinnen der Helm-Federbüschel kleine weibliche Sphingen mit Ungeheuer-Klauen, nacktem Busen und sorgfältig hochgesteckter Frisur. Möglicherweise symbolisieren die steinernen Militaria die Wehrhaftigkeit des Senats – in römischer Tradition –, oder sie wollen das Rathaus beschützen. **RB und BK**

22 Tierische Tugenden

Das Einhorn Vier geflügelte Fabelwesen schauen uns von der Seitenfassade zum Alten Wall an. Zwei finden sich unter den beiden Fenstern der Ratslaube (> Nr. 48), zwei weitere unter den äußeren Ecken ihres Erkers. Der Löwe, der Greif – als Einziger mit weiblichen Brüsten dargestellt – und der Widder haben die Mäuler weit aufgerissen und strecken uns ihre Zungen entgegen. Einzig das Einhorn schaut gelassen, ja sanftmütig.

Die „Tier-Hybride" sind steinerne Nachfahrinnen bzw. Nachfahren von Fabelwesen, wie sie bis heute in italienischen Renaissance-Palästen zu bewundern sind. Sie stehen für Eigenschaften, die auch vom Hamburger Senat erwartet wurden. So symbolisiert der Löwe den „Edelmut", der Greif die „Umsicht" und das Einhorn die „Weisheit".

Das Einhorn wirft allerdings Fragen auf. Seit Jahrtausenden galoppiert das makellos weiße Wesen – für gewöhnlich ohne Flügel, dafür aber mit Zauberkräften – durch mythische Erzählungen. In diesem Fall scheint es sich also um eine Kreuzung aus einem Einhorn und dem geflügelten Pferd Pegasus zu handeln. Warum der Bildhauer hier vom mythologischen Vorbild abgewichen ist, lässt sich nicht abschließend klären. Letztendlich fiel das wohl schon damals unter „die Freiheit der Kunst". Dass Senatorinnen und Senatoren über Zauberkräfte verfügen, ist jedoch auszuschließen.

RB und BK

Das Einhorn, auch heute noch ein beliebtes Motiv für Fantasy-Romane oder Plüschkuscheltiere.

23 Mit Segen von oben

Die Heiligen Repräsentative Heiligenfiguren auf dem Dach des Gebäudes, in dem die politische Macht ausgeübt wird? Was heute schwer vorstellbar erscheint, war für die noch stark christlich geprägte Stadtgesellschaft des ausgehenden 19. Jahrhundert eine Selbstverständlichkeit. Auch wenn die 1860 verabschiedete Hamburgische Verfassung die Trennung von Staat und Kirche vorsah, wurde diese zunächst nicht konsequent vollzogen. So wie die Türme der fünf Hauptkirchen die Silhouette der Stadt prägten, spielte die Zugehörigkeit zu den entsprechenden Kirchspielen für die Menschen weiterhin eine wichtige Rolle, ▶

Statue des heiligen Nikolaus, im Hintergrund der Rathausturm.

Statuen der heiligen Maria-Magdalena und des Apostel Jakobus.

auch wenn sie nicht mehr unbedingt mit einem konfessionellen Bekenntnis verbunden sein musste. Insofern verwundert es nicht, dass die Giebel und Erker des hochaufragenden Rathausdachs von Heiligenfiguren bekrönt werden. Bei deren Auswahl berücksichtigte man zunächst die Schutzpatroninnen und -patrone der fünf Hauptkirchen, nämlich den Apostel Petrus, den heiligen Nikolaus, die heilige Katharina, den Apostel Jakobus und den Erzengel Michael. Hinzu kamen der heilige Georg und der Apostel Paulus als Patrone der beiden ehemaligen Vorstädte sowie der Apostel Johannes und die heilige Maria-Magdalena, denen die beiden in der Reformation aufgelösten Klöster geweiht waren. (> Nr. 3) So bezieht sich die Auswahl der Heiligenfiguren sowohl auf die Geschichte der Stadt als auch auf ihre territoriale Gliederung. Die Gestaltung der Statuen entspricht wie der gesamte bildkünstlerische Schmuck des Rathauses dem späten Historismus. Anhand ihrer Attribute – z.B. Palmenzweig für Katharina und Schlüssel für Petrus – ließen sich die Figuren für die damaligen Betrachter leicht identifizieren. Geschaffen wurden sie von Bildhauern, die entweder aus Hamburg stammten oder einen Bezug zur Stadt aufwiesen. So stammt die Figur des Erzengels Michael, die ihn triumphierend über dem am Boden liegenden Satan zeigt, von August Vogel, der dasselbe Motiv ähnlich dramatisch für die Bekrönung des Portals der 1912 wiedergeweihten Hauptkirche St. Michaelis gestaltet hat. MG

Von links nacht rechts: Statuen des Erzengel Michael, des Apostel Petrus und der heiligen Katharina.

Über dem Eingangstor „grüßt“ reich verziert das plastische große Landeswappen.

3.

TURMHALLE UND RATHAUSDIELE

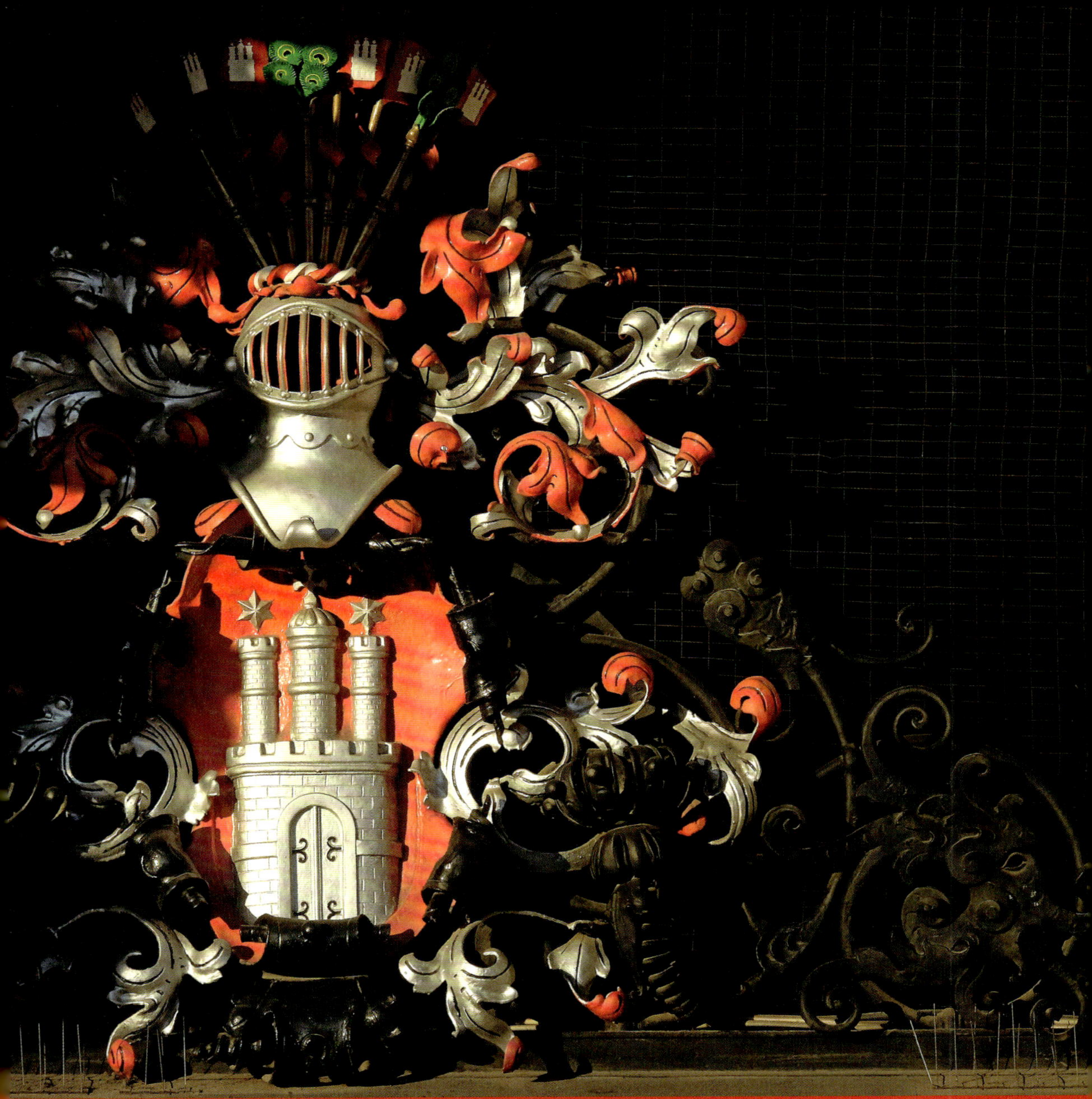

Wer durch das schmiedeeiserne Gittertor tritt, steht zunächst in der unbeheizten Turmhalle, deren Wände aus unverputzten Sandsteinquadern bestehen. Von diesem lediglich als Durchgang gedachten Raum geht es weiter durch eine Tür in die Rathausdiele, die Rathausbesucherinnen und -besucher „auf die Würde des Hauses vorbereitet“ [1]. Sie ist die eigentliche Empfangshalle für alle, die ins Rathaus wollen und in der sich die „Information“ befindet. Hier kann man sich einer der regelmäßigen Rathausführungen anschließen oder einfach auf alten Holzbänken verweilen.

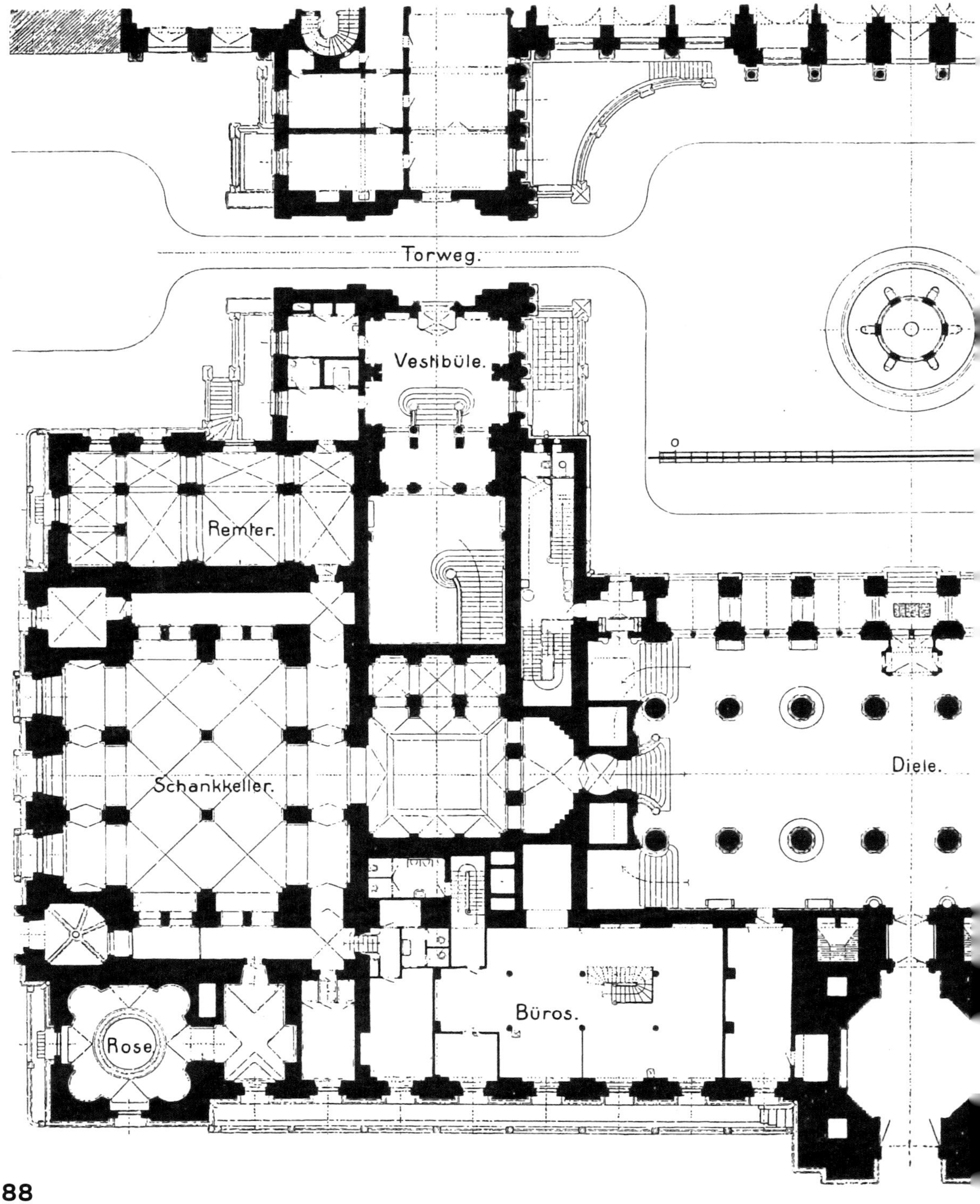
Torweg.
Vestibüle.
Remter.
Schankkeller.
Diele.
Rose
Büros.

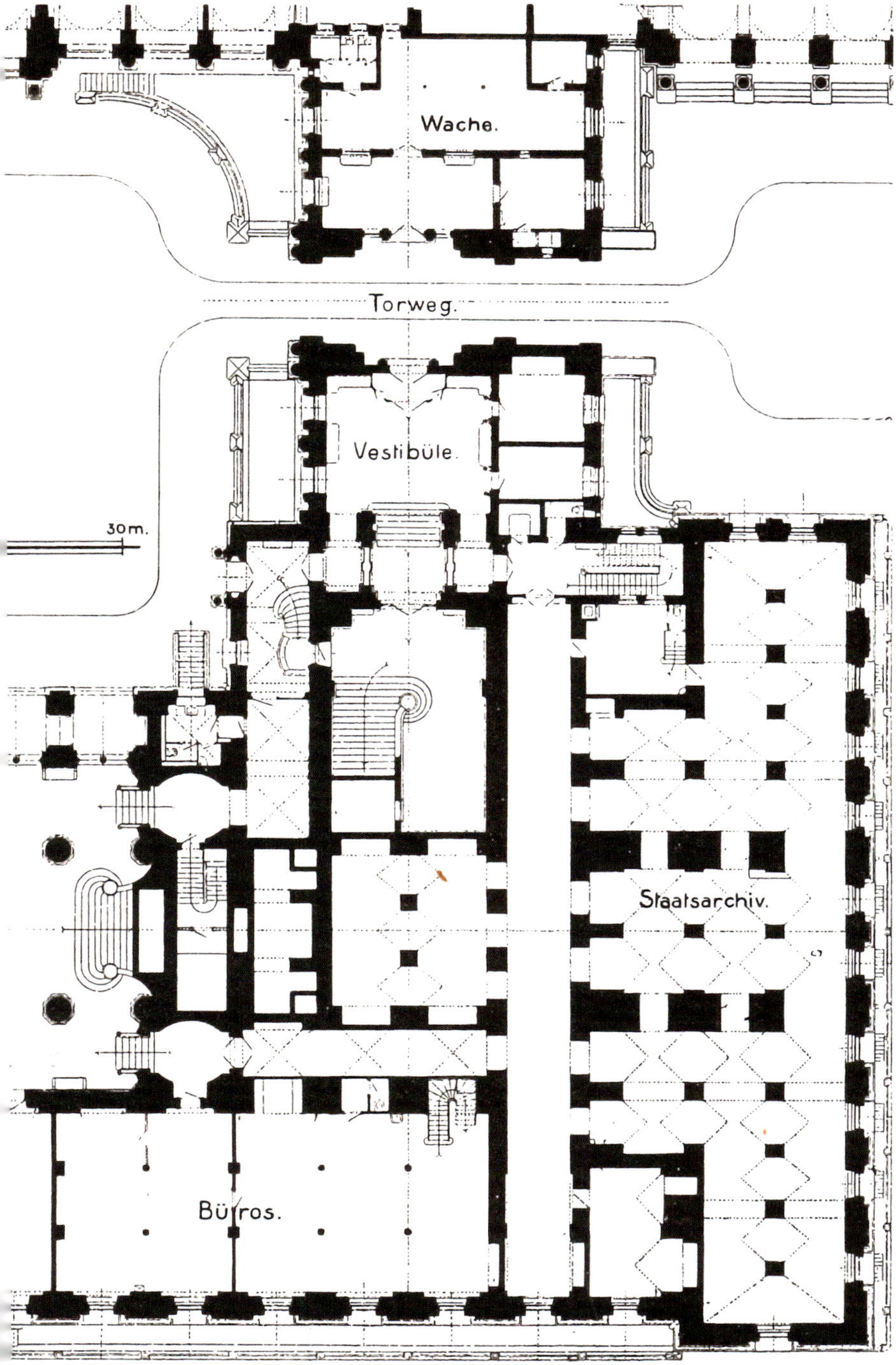

Grundriss von 1897: das Erdgeschoss mit z. B. der Turmhalle, der Rathausdiele mit den Aufgängen zur Bürgerschaft und dem Senat sowie dem Rathausinnenhof.

24 Very British

Die Übergabe der Stadt Hamburg. In der Bildmitte der eintreffende britische Kommandeur Brigagdier Douglas Spurling, links Kampfkommandant Generalmajor Alwin Wolz.

Das Hauptportal Die achteckige Turmhalle, durch die man das Rathaus betritt, ist lediglich durch ein offenes schmiedeeisernes, mit Rosetten reich verziertes Gittertor vom Rathausmarkt getrennt. Über dem Tor ist das große Hamburger Landeswappen (> Nr. 11) zu sehen.

Seit dem Bau des Rathauses sind viele gekrönte Häupter, Politikerinnen und Politiker aus dem In- und Ausland, offizielle Gäste durch dieses Portal in das Rathaus geschritten. Zu den wichtigsten historischen Ereignissen gehört die Übergabe der Stadt an das britische Militär am 3. Mai 1945 im Zuge der Befreiung vom Nationalsozialismus. Der Vorgang ist auf einer Fotografie festgehalten, die im „Soldier Magazine" der britischen Armee erschienen ist. Die „Kapitulationsurkunde" jedoch, die damals übergeben wurde, ist bis heute verschollen.

Besondere Beziehungen zwischen Großbritannien und Hamburg gibt es seit Jahrhunderten. So hatte Hamburg bereits im 13. Jahrhundert eine Handelsniederlassung – den Stahlhof – in London. Im Gegenzug wurden im 16. Jahrhundert die „Merchant Adventurers" in Hamburg mit umfangreichen Privilegien ausgestattet und hatten im „Englischen Haus" in der Gröningerstraße eine Basis für ihren Wollhandel auf dem Kontinent. 1611 garantierte der Hamburger Rat ihnen sogar die freie Ausübung ihrer Religion innerhalb der Stadt, was anderen Glaubensgemeinschaften wie Katholiken, Reformierten oder Juden grundsätzlich untersagt war. Auch der britische Derby-Sport wurde in Hamburg heimisch: Das erste Pferderennen auf dem Kontinent fand 1835 bei Wandsbek statt.

Einen Höhepunkt erreichte die Freundschaft zwischen Hamburg und Großbritannien mit dem Besuch von Königin Elisabeth II. am 28. Mai 1965. Tausende Schaulustige säumten die Straßen, um der englischen Königin zuzujubeln, Schulkinder waren vom Unterricht befreit (wenn auch nicht auf behördliche Anweisung, wie später verbreitet wurde). Für den damaligen Ersten Bürgermeister Paul Nevermann (> Nr. 55) hatte der Besuch ein Nachspiel. Seine Ehefrau Grete Nevermann, von der er sich einige Zeit zuvor getrennt hatte, weigerte sich, an dem Empfang teilzunehmen, weil ihr Mann sich mit seiner Freundin in der Öffentlichkeit gezeigt hatte. So übernahm die Frau des Zweiten Bürgermeisters die Rolle der First Lady. Der anschließend seitens der Presse ausgelöste Skandal zwang Nevermann zwei Zage später zum Rücktritt. JF

28. Mai 1965: Besuch der britischen Königin Elisabeth II. Im Bild neben ihr der Erste Bürgermeister Paul Nevermann. In der zweiten Reihe: die „Second Lady" Ilse Engelhardt, die Grete Nevermann vertritt.

Das Eingangstor ins Rathaus.

Ein Schlosserlehrling.

Die Turmhalle: Eingang ins Rathaus und Zugang in die Rathausdiele.

25 Handwerkerlehrlinge blicken herab

Turmhalle Das Turmhallengewölbe verfügt über acht Rippen, in deren Sockeln die Brustbilder von Lehrlingen aus der Baubranche zu sehen sind. Ihre Zunftwappen verraten, dass es sich um Maurer, Steinmetz, Maler, Schlosser, Tischler, Zimmermann, Glaser und Dachdecker handelt.

Als das Rathaus eingeweiht wurde, hatten Lehrlinge noch nicht das Recht, die Hamburgische Bürgerschaft zu wählen (> Nr. 17, Nr. 103). Im Juni 1970 wurde das Wahlalter auf 18 Jahre abgesenkt (aktives Wahlrecht). Erst mit der Herabsetzung der Volljährigkeit (u. a. in Folge der Protestbewegung der Jugend der 1960er-Jahre) von 21 auf 18 Jahre im Jahr 1975 bekamen Jugendliche ab Vollendung des 18. Lebensjahres auch das passive Wahlrecht.

2013 war ein weiterer Schritt: Seitdem dürfen alle 16- und 17-jährigen Hamburgerinnen und Hamburger die Hamburgische Bürgerschaft wählen (aktives Wahlrecht). Für die Hamburgische Bürgerschaft wählbar (passives Wahlrecht) sind Jugendliche aber erst mit Vollendung des 18. Lebensjahres, also mit ihrer Volljährigkeit. RB

Der Aufgang zum Senat, flankiert von zwei Löwen (> Nr. 33). In der Bildmitte das reich verzierte Gittertor (> Nr. 35, Nr. 36) vorm Senatstreppenhaus (> Nr. 37).

26 Ausbalanciert

Die Rathausdiele Wie wichtig den Auftraggebern und dem Rathausarchitekten Martin Haller (> Nr. 121) symbolische Bezüge waren, zeigt die räumliche Gliederung der Rathausdiele, in der eine austarierte Balance zwischen den gleichberechtigten Verfassungsorganen Bürgerschaft und Senat sichtbar wird, die hier unter einem Dach vereint sind. Oberflächlich betrachtet herrscht Symmetrie, doch bei genauerem Hinschauen zeigt sich, wie die unterschiedlichen Rollen, Traditionen und Aufgaben von Parlament und Regierung architektonischen Ausdruck gefunden haben. Dass auf der linken Seite der Diele eine doppelläufige Treppe, in die zudem eine Rednerbühne integriert ist, hinauf in die Bürgerschaft führt, symbolisiert den Dialog und auch die Kontroverse, die zum Alltag eines Stadtparlaments gehören. Demgegenüber ist die Senatstreppe auf der rechten Seite einläufig und breit. Durch die beiden wappenhaltenden Löwen (> Nr. 33), die sie flankieren, erhält diese Treppe, die das einheitliche und geschlossene Auftreten der Stadtregierung gegenüber der Öffentlichkeit zum Ausdruck bringt, zusätzlich einen repräsentativen Akzent.

Aber wieso nimmt die Bürgerschaft den linken, der Senat jedoch den rechten Bereich des Rasthauses ein? Vermutlich orientierte man sich hier bereits an der politischen Bedeutung, die die Begriffe „rechts“ und „links“ im Lauf des 19. Jahrhunderts aufgrund der Sitzordnung in der französischen Abgeordnetenkammer (Chambre des députés) erlangt hatten: Während dort die „Bewegungsparteien“, deren politisches Ziel die Veränderung der sozialen und politischen Situation war, links ihren Platz hatten, saßen die „Ordnungsparteien“, denen es um die Bewahrung der bestehenden Verhältnisse ging, auf der rechten Seite. Folgt man dieser Logik, so wurde der Bürgerschaft eher die Rolle der progressiven Veränderung zugeschrieben, dem Senat hingegen den konservativen und von Traditionen bestimmten Beharrungswillen. In jedem Fall symbolisiert die unterschiedliche Treppengestaltung eine jahrhundertelange und oft spannungsreiche Beziehung zwischen Parlament und Regierung. Allerdings sollte es noch bis 1919 dauern, ehe nach der Novemberrevolution die politische Machtausübung in Hamburg auf eine demokratische Basis gestellt wurde und zwei Jahre später schließlich Verfassungsrang erlangte. (> Nr. 103)

Die Rathausdiele ist aber mehr als nur ein Treppenhaus für Bürgerschaft und Senat, mit ihren von 16 Säulen getragenen Sternrippengewölben ist sie zugleich ein überaus repräsentativer Ort, der auch als Gedenkhalle für besonders verdiente Bürger konzipiert wurde. So findet man an den Säulenschäften insgesamt 64 Porträtmedaillons von „Bürgern und Einwohnern, welche sich um das Wohl Ham- ▶

RESTAURANT
CAFE BAR

Eine doppelläufige Treppe zur Bürgerschaft, das Treppenhaus hinter dem Gittertor (> Nr. 114) führt zum Plenarsaal (> Nr. 101). Die Treppe nach unten geleitet in das Restaurant Ratsweinkeller (> Nr. 119).

burgs in der einen oder anderen Weise verdient gemacht haben" (> Nr. 28, 29, 30). Schon lange dient die Rathausdiele auch als Ort für wechselnde Ausstellungen zu einem breiten Spektrum von Themen, die aus Text-Bild-Tafeln bestehen. Diese werden rund um die Säulen platziert. Auch deshalb ist die Rathausdiele ein Ort, den die Hamburger von Zeit zu Zeit besuchen und gern auswärtigen Gästen zeigen. Und nicht zuletzt ist die großartige Säulenhalle der Ausgangspunkt für jene Besucherinnen und Besucher, die das historische Gebäude von innen kennenlernen wollen, denn hier starten die Rathausführungen, die regelmäßig angeboten werden, sofern die Räume nicht für Sitzungen, Konferenzen, Staatsbesuche oder Veranstaltungen belegt sind. MG

Der gläserne Fahrstuhl.

27 Ein inklusives Rathaus

Barrierefrei Als das Rathaus gebaut wurde, war Barrierefreiheit kein Thema. Und selbst heute fällt es unserer Gesellschaft oft schwer, inklusiv zu denken und zu handeln. Im Hamburger Rathaus hat sich mittlerweile einiges getan. So verfügen die in den beleuchteten Schautafeln in der Rathausdiele angebrachten Informationen über QR-Codes, mit deren Hilfe man die Texte in leichter Sprache und als Hörfassung abrufen kann. Das Redepult im Plenarsaal ist seit 1992 höhenverstellbar, was für „kürzere" Menschen eine Erleichterung darstellt. Auch gibt es Fahrstühle, darunter seit 2022 einen gläsernen, in dem die Besucherinnen und Besucher der Bürgerschaftssitzungen von der Rathausdiele direkt zur Zuschauertribüne (> Nr. 113) im Plenarsaal der Hamburgischen Bürgerschaft fahren können. Auf der Website der Hamburgischen Bürgerschaft erfährt man, wie die barrierefreien Zugänge zur Bürgerschaft gestaltet sind.[1] RB

Medaillons verdienter Hamburger an den Säulen in der Rathausdiele. Oben: Johannes Wedde, unten: Carl von Ossietzky und Albert Ballin.

28 Ruhmeshalle

Verdiente Bürger und Bürgerinnen Die Kaiserstatuen an der Fassade (> Nr. 15) versinnbildlichen die monarchische Herrschaft des alten Reiches. Als Gegenpol werden im Inneren Persönlichkeiten gezeigt, die für die neue, republikanische und bürgerliche Welt stehen. An den 16 Säulen, dem Hauptschmuck der Rathausdiele, sind medaillonförmige Reliefporträts von anfangs 52 Männern und vier Frauen, umkränzt von Eichenlaub, eingelassen. Damit würdigten die Rathausbaumeister verdiente Hamburgerinnen und Hamburger. Im Laufe der Jahre kamen weitere Porträts an der Wand zum Innenhof hinzu. Heute blicken insgesamt 59 Reliefporträts von bedeutenden Männern sowie fünf von ebenso bedeutenden Frauen auf die Besucherinnen und Besucher.

(Die hier angegebene Reihenfolge ist dem Buch von Harald Richert: Verdiente Hamburger: Kurzbiographien zu den Reliefporträts, Hamburg 1991, entnommen.)

1. **Johann Klefeker** (Jurist, 1698–1775)
2. **Johann Carl Knauth** (Jurist, 1800–1876)
3. **Matthäus Schlüter** (Jurist, 1648–1719)
4. **Isaac Wolffson** (Jurist, 1817–1895)
5. **Hermann Baumeister** (Jurist, 1806–1877)
6. **Nicolaus Adolf Westphalen** (Jurist, 1793–1854)
7. **Erdmann Neumeister** (Theologe, 1671–1756)
8. **Johannes Aepin** (Theologe, 1499–1553)
9. **Johannes Bugenhagen** (Theologe, 1485–1558)
10. **Nikolaus Staphorst** (Theologe, 1679–1731)
11. **Joachim Heinrich Campe** (Philologe, 1746–1818)
12. **Johann Hinrich Wichern** (Philologe, 1808–1881)
13. **Hermann Samuel Reimarus** (Philologe, 1694–1768)
14. **Michael Richey** (Philologe, 1678–1761)
15. **Otto Beneke** (Historiker, 1812–1891)
16. **Johann Martin Lappenberg** (Historiker, 1794–1865)
17. **Johann Georg Büsch** (Nationalökonom, 1728–1800)
18. **Adolf Soetbeer** (Historiker, 1814–1892)
19. **Franz Encke** (Astronom, 1791–1865)
20. **Joachim Jungius** (Naturforscher, 1587–1657)
21. **Heinrich Hertz** (Physiker, 1857–1894)
22. **Carl Rümker** (Astronom, 1788–1862)
23. **Georg Heinrich Sieveking** (Kaufmann, 1751–1799)
24. **Johannes Schuback** (Kaufmann, 1732–1817)
25. **Heinrich Schröder** (Kaufmann, 1784–1883)
26. **Martin Johann Jenisch** (Kaufmann, 1760–1827)
27. **Salomon Heine** (Bankier, 1767–1844)
28. **Heinrich Johann Merck** (Kaufmann, 1770–1853)
29. **Peter Averhoff** (Bankier, 1723–1809)
30. **Caspar Voght** (Kaufmann, 1752–1839)
31. **Charlotte Paulsen** (Fürsorgerin, 1797–1862)
32. **Emilie Wüstenfeld** (Sozialpädagogin, 1817–1874)
33. **Mathilde Arnemann** (Armenpflegerin, 1809–1896)
34. **Amalie Sieveking** (Frauenrechtlerin, 1794–1859)
35. **Friedrich Gottlieb Klopstock** (Dichter, 1724–1803)
36. **Friedrich von Hagedorn** (Dichter, 1708–1754)
37. **Barthold Heinrich Brockes** (Dichter, 1680–1747)
38. **Gotthold Ephraim Lessing** (Dichter, 1729–1781)
39. **David Christopher Mettlerkamp** (Bleidecker, 1774–1850)
40. **Albert Methfessel** (Musiker, 1785–1869)
41. **Heinrich Barth** (Forschungsreisender, 1821–1865)
42. **Friedrich Christoph Perthes** (Buchhändler, 1772–1843)
43. **Johannes Brahms** (Komponist, 1833–1897)
44. **Friedrich Ludwig Schröder** (Theaterdirektor, 1744–1816)
45. **Carl Philipp Emanuel Bach** (Komponist, 1714–1788)
46. **Felix Mendelssohn Bartholdy** (Komponist, 1809–1847)
47. **Hermann Kauffmann** (Maler, 1808–1889)
48. **Philipp Otto Runge** (Maler, 1777–1810)
49. **Martin Gensler** (Maler, 1811–1881)
50. **Johannes Dalmann** (Wasserbauingenieur, 1823–1875)
51. **Andreas Schlüter** (Bildhauer, 1662–1714)
52. **Gottfried Semper** (Architekt, 1803–1879)
53. **Ernst Georg Sonnin** (Architekt, 1713–1794)
54. **Balthasar Denner** (Maler, 1685–1749)
55. **Christian Friedrich Wurm** (Staatsrechtler, 1803–1859)
56. **Gabriel Riesser** (Jurist, 1806–1863)
57. **Franz Andreas Meyer** (Ingenieur, 1837–1901)
58. **Moritz Heckscher** (Jurist, 1797–1865)
59. **Justus Brinckmann** (Museumsdirektor, 1843–1915)
60. **Alfred Lichtwark** (Museumsdirektor, 1852–1914)
61. **Albert Ballin** (Reeder, 1857–1918)
62. **Carl von Ossietzky** (Politiker, 1889–1938)
63. **Elise Averdieck** (Sozialpädagogin, 1808–1907)
64. **Johannes Wedde** (Publizist, 1843–1890) RB

29 Geehrt, getilgt, wiederhergestellt

Jüdische Bürger in der Rathausdiele Unter den Persönlichkeiten auf den Säulenporträts von 1897 sind vier Männer mosaischen Glaubens. Auch damals war Antisemitismus schon weit verbreitet. Doch mit Hitlers Machtübernahme am 30. Januar 1933 begannen die Verbrechen des Nationalsozialismus, die im staatlich organisierten Massenmord an den Juden gipfelten.

Das Ziel des NS-Regimes war es, Andersdenkende und Minderheiten, vor allem aber Juden, zu vernichten und aus dem kollektiven Gedächtnis zu löschen. Und so begann die systematische Tilgung des Andenkens an historische Persönlichkeiten durch Bücherverbrennungen, die Verbannung „entarteter" Kunst oder die Entfernung von Erinnerungsstätten.

Auch in Hamburg fielen zahlreiche Denkmale, die an verdiente Bürger der Stadt erinnerten, solchen „Säuberungen" zum Opfer. So wurden 1938 auf Anordnung des Reichsstatthalters Karl Kaufmann die Porträts von Salomon Heine (> Nr. 5, Nr. 60), Felix Mendelssohn, Gabriel Riesser, Isaac Wolffson sowie Heinrich Hertz aus den Säulen der Rathausdiele geschlagen.

Salomon Heine (1767–1844) kam 1784 mittellos nach Hamburg und stieg zum erfolgreichsten Bankier seiner Zeit auf. Sein Reichtum war ebenso legendär wie seine Großzügigkeit. Er beteiligte sich am Wiederaufbau der Stadt nach dem Großen Brand, stiftete das Israelitische Krankenhaus und finanzierte den Bau von Schulen und Kirchen.

Der Musiker und Komponist **Felix Mendelssohn** (1807–1847), einer der bedeutendsten Vertreter der Romantik, gründete das erste Konservatorium in Deutschland. Er entstammte einer berühmten jüdischen Hamburger Familie, wurde auf Geheiß seines Vaters getauft und konfirmiert und erhielt zusätzlich den christlichen Familiennamen Bartholdy.

Gabriel Riesser (1806–1863) war ein Vorkämpfer für die jüdische Emanzipation. Der Rechtswissenschaftler und Notar war ab 1849 Mitglied und später Vizepräsident der Frankfurter Nationalversammlung. 1859 wurde er der erste jüdische Richter in Deutschland. Von 1859 bis 1862 war er Mitglied, zeitweise auch Präsident der Hamburgischen Bürgerschaft.

Medaillon Felix Mendelssohn.

Der Politiker und Jurist **Isaac Wolffson** (1817–1895) wurde 1849, als die jüdischen Bürger weitgehend gleichgestellt wurden, als Anwalt zugelassen. Von 1859 bis 1898 war er Mitglied der Hamburgischen Bürgerschaft, davon zwei Jahre als ihr Präsident – und somit der erste jüdische Präsident eines Landesparlaments in Deutschland. 1890 wurde er Mitglied der Kommission für das Bürgerliche Gesetzbuch.

Der Physiker **Heinrich Hertz** (1857–1894) erzeugte 1886 als Erster im Labor elektromagnetische Wellen – und gilt als deren Entdecker. Nach ihm wurde die internationale Einheit für die Frequenz (Hertz) benannt. Hertz' Vater entstammte einer jüdischen Familie, war aber zum Christentum konvertiert. Sein Sohn galt den Nationalsozialisten als „Halbjude".

1949 wurden die fünf von den Nationalsozialisten entfernten Porträts wiederhergestellt. Bis heute fehlt jedoch ein Hinweis auf ihre zeitweise Entfernung – auch eine Erinnerungsverdrängung. ST

Die Frauensäule,
hier Medaillon von
Charlotte Paulsen.

30 Die Wohltäterinnen

Die Frauensäule Am Treppenaufgang zum Senat sind die Porträts von vier Frauen auf einer sogenannten Frauensäule verewigt. Sie werden in ihrer Funktion als Wohltäterinnen gewürdigt, einer klassischen weiblichen Rolle. Zu sehen sind:
Amalie Sieveking (1794–1859), Gründerin der weiblichen Diakonie.
Emilie Wüstenfeld, geb. Capelle (1817–1874), Gründerin der ersten Gewerbeschule für Mädchen und Frauen.
Charlotte Paulsen, geb. Thornton (1797–1862), Mitbegründerin der Bewahranstalt für Kinder sowie des „Frauenvereins zur Unterstützung der Armenpflege".
Mathilde Arnemann, geb. Stammann (1809–1896), Patriotin, Mäzenin, Wohltäterin.

Ein weiteres Medaillon vis-à-vis der Frauensäule an der Wand zum Innenhof zeigt
Elise Averdieck (1808–1907), Leiterin des Diakonissenhauses Bethesda und Kinderbuchautorin.

Das einträchtige Miteinander der Frauen täuscht: Amalie Sieveking und Emilie Wüstenfeld trennten ideologische Welten. Amalie Sieveking sah die bestehende Gesellschaftsordnung mit ihren großen Unterschieden zwischen Arm und Reich als gottgewollt an. Sie ließ den Armen zwar geistlichen Zuspruch und menschliches Mitgefühl zukommen, knüpfte ihre finanzielle Unterstützung aber an deren Bereitschaft, ein gottesfürchtiges Leben zu führen. Demokratie setzte sie mit Anarchie gleich. Emilie Wüstenfeld hingegen war eine Anhängerin der bürgerlichen Revolution von 1848 und gründete eine Armenpflege, die auf demokratischen Grundsätzen beruhte.

Auch in ihren Vorstellungen von Ehe und Moral unterschieden sich die Frauen. Emilie Wüstenfeld etwa wollte sich – wie Bertha Traun, mit der sie die „Hochschule für das weibliche Geschlecht" gegründet hatte – von ihrem Ehemann scheiden lassen (letztendlich blieb sie bei ihrem Mann); die Scheidung Bertha Trauns war ein Skandal und führte unter anderem dazu, dass die gemeinsam gegründete Hochschule nach zweijährigem Bestehen 1852 ihre Pforten schließen musste. Eine Schule, in der Frauen sich in Fragen der Kindererziehung und anderen „frauenspezifischen" Gebieten weiterbilden konnten, erschien dem Bürgertum als zu freisinnig. Sponsoren hielten sich fern, Schulanmeldungen blieben aus. Auch Amalie Sieveking hatte vor der Hochschule, die Mädchen eine gehobene Ausbildung ermöglichte, unabhängig von Konfession und sozialer Schicht, gewarnt und diese als „antichristlich" bezeichnet.

Solche weltanschaulichen Konflikte überspielt die Darstellung der fünf Wohltäterinnen. Zudem wirft sie eine eindimensionale Sicht auf die Rolle der Frau. Auf der Vorschlagsliste für Porträts hatten damals auch Sängerinnen, Dichterinnen und Schauspielerinnen gestanden (> Nr. 78). Die Entscheidung für diese fünf diente mithin dazu, ein konservatives Frauenbild zu zementieren. **RB und BK**

Mathilde Arnemann

Emilie Wüstenfeld

Elise Averdieck

Amalie Sieveking

31 Wem die Stunde schlägt

Die Dielenuhr Über dem Haupteingang in der Rathausdiele ist eine große Uhr in den Türbogen eingelassen. Links vom Zifferblatt ist ein Uhu zu sehen – als Symbol für die Nacht. Der Hahn auf der rechten Seite steht für die Überwindung der Finsternis durch das Licht, ferner ist er Sinnbild für die Auferstehung, für Wachsamkeit und Fruchtbarkeit.

Um das Gegenüber von Leben und Tod – und somit um das Verrinnen der Zeit – geht es auch in der kleinen mechanischen Szene über der Uhr. Hier schlägt ein kleines Kind, das auf dem Schoß seiner Mutter steht, zu jeder Viertelstunde eine kleine Glocke. Zu jeder vollen Stunde antwortet ein Sensenmann mit einem Schlag gegen eine große Glocke.

War die Zeit einst ein Phänomen, dessen Voranschreiten man machtlos zur Kenntnis nahm, so ist sie heute längst zum Politikum geworden. „Zeitpolitik" etwa beschäftigt sich mit der Frage, wie Zeitstrukturen gestaltet sein müssen, um eine höhere Lebensqualität in der Gesellschaft und mehr Gerechtigkeit zwischen Geschlechtern und Generationen zu erreichen. **RB und BK**

DEN TOTEN
ZUM EHRENDEN GEDÄCHTNIS
DEN LEBENDEN ZUR MAHNUNG
:DIE NAMEN:
OTTO BRATH
A.BRINKMANN
BERNH. HAMM
W. MENGDEHL
HEINR. MÜLLER
WALT. MØLLER
H.ERICH NEUY
OVE OVENS
WALT. RATHKE
K. REUNERT
FR. SANDER
W. SCHMIDT
H.THO SEETH
ROB.TAEGER
HEINR. WOLF
S.ZIMMERMANN
ANTON ZUCHT
BEI DER
VERTEIDIGUNG DES RATHAUSES
AM 24.–25.JUNI 1919 FIELEN IN
TREUER PFLICHTERFÜLLUNG
13 FREIWILLIGE BAHRENFELDER
JÄGER × 3 ANGEHÖRIGE DER EIN
WOHNERWEHR × 1 MITGLIED DER
– VOLKSWEHR – BRAUNE –
DER – SENAT
DER FREIEN UND HANSESTADT
HAMBURG

32 Gammelfleisch: Der Funke zum Volksaufstand

„Sülze-Unruhen“ und die „Bahrenfelder Jäger“ Neben der „Information“ hängt eine Gedenktafel, die an Männer erinnert, die beim Versuch, das Rathaus am 24. und 25. Juni 1919 gegen Aufständische zu verteidigen, ums Leben gekommen sind. Bei den Verteidigern handelte es sich, wie auf der Gedenktafel zu lesen ist, um 13 Mitglieder der „Bahrenfelder Jäger“, drei Angehörige der Einwohnerwehr und ein Mitglied der Volkswehr Braune. Die Zeitfreiwilligenwehr der Bahrenfelder rekrutierte sich überwiegend aus ehemaligen Kriegsoffizieren und Studenten aus dem Hamburger Bürgertum. Die Truppe vertrat eine deutschnationale Gesinnung, war in der Arbeiterschaft verhasst.

Hintergrund der Ausschreitungen war die Nahrungsmittelknappheit infolge des Ersten Weltkriegs. Immer wieder kam es zu Hungerprotesten. Am 23. Juni fiel ein Fass mit verfaulten Tierkadavern vor der Fleischfabrik Heil & Co. in der Kleinen Reichenstraße von einem Fuhrwerk, stinkende Schlachtabfälle ergossen sich auf die Straße. Die Leute glaubten, dass die stinkende Masse zu „Heilscher Delikatess-Sülze“ verarbeitet wird. Wenig später drang eine aufgebrachte Menschenmenge in die Fabrik ein, wo sie Haufen verdorbener Tierhäute fand. Die Protestierenden packten den Fabrikbesitzer Jakob Heil und warfen ihn in die Kleine Alster. Als Polizisten ihn zu seinem Schutz ins Rathaus brachten, versuchte die Menge, das Rathaus zu stürmen. Erst das Versprechen der Polizei, den Vorfall in der Fabrik gründlich zu untersuchen, beruhigte die Leute.

Doch am nächsten Tag kam es erneut zu Zwischenfällen: Angestellte der Heilschen Sülzefabrik wurden auf dem Rathausmarkt an den Pranger gestellt. Die Menge forderte das für Lebensmittelkontrollen zuständige Kriegsversorgungsamt auf, Stellung zu nehmen. Zum Schutz des Rathauses beorderte der damalige Kommandant von Groß-Hamburg, SPD-Bürgerschaftsabgeordneter Walther Lamp’l, die „Bahrenfelder“. Bei den dann folgenden Kämpfen zwischen den Aufständischen und rund 150 Bahrenfeldern gab es Tote und Verwundete. Am 25. Juni verkündete Lamp’l, der auch Vorsitzender des Soldatenrats für Hamburg, Altona und Umgebung (> Nr. 16) während der Novemberrevolution 1918 gewesen war, den Belagerungszustand, eine aufgebrachte Menge stürmte das Rathaus, es kam zu gewaltsamen Auseinandersetzungen, bei denen auch Verteidiger des Rathauses, darunter Mitglieder der Freiwilligen-Einheit, getötet wurden, schreibt der Historiker Sven Philipski. [1]

Der Senat rief die Reichswehr aus Berlin zu Hilfe, die brutal gegen die Aufständischen vorging und die Kämpfe am 1. Juli 1919 beendete. Bei den Unruhen kamen insgesamt bis zu 90 Menschen ums Leben.

Der Senat erließ ein neues Lebensmittelgesetz und verstärkte Hygiene-Inspektionen. Aber die Not war damit noch lange nicht beendet. RB

Zeitgenössische Postkarte: Aufgebrachte Bürgerinnen und Bürger protestieren im Juni 1919 gegen verdorbene Lebensmittel. Während der Ausschreitungen kam es zu mehreren Toten und Verletzten.

33 Von großen Tieren

„Haus der Löwen“ In der Rathausdiele halten rechts vor dem Aufgang zum Senat zwei männliche Großkatzen das Staatswappen fest in den Pranken. Einst galten Löwen – ob lebend am Hofe gehalten oder von Bildhauern geformt – als Schutztiere königlicher Herren und ihrer Schlösser. Diese bronzenen Bodyguards hingegen wurden zum symbolischen Schutz der bürgerlichen Errungenschaften installiert. Aber nicht nur den Senat bewachen die respekteinflößenden „Könige“ der Tiere. Auch im Treppenhaus der Bürgerschaft (> Nr. 114), über den Türen zum Vorraum des Bürgerschaftssaals, reißen Löwenköpfe das Maul auf. Sie symbolisieren auf beiden Seiten – bei Bürgerschaft und Senat – Macht, Mut und Herrschaft. BK

34 Kundenkontakt

Senatskanzlei: Bürgerbüro Von der Rathausdiele aus erreicht man auch das Bürgerbüro im ersten Stock auf der Senatsseite des Rathauses. Es ist die zentrale Anlaufstelle für Bürgerinnen und Bürger, die Kontakt zur öffentlichen Verwaltung suchen. Wer seine Interessen gegenüber der Verwaltung artikulieren möchte, findet hier Unterstützung. Zudem werden hier mündliche und schriftliche Anfragen und Anregungen von Bürgerinnen und Bürgern bearbeitet, die an den Ersten Bürgermeister und an den Senat gerichtet sind. RB

35 Respekt für die Natur

Aufgang An den Löwen (> Nr. 33) vorbei geht es 17 Stufen hinauf zu dem schmiedeeisernen Gittertor (> Nr. 36), das den Senatsaufgang von der Rathausdiele trennt. Gerahmt wird das Gittertor von einem Sandsteingewände auf vergoldetem Grund, auf dem ein kleines Naturparadies zu sehen ist: Zwischen Eichenzweigen finden sich Spinnen, Eichhörnchen, Schnecken, Frösche, Käfer, Libellen oder Schmetterlinge, darüber ein Uhu, der Vogel der Weisheit. Das Bild lässt sich aus heutiger Perspektive als Appell für Frieden und Naturschutz lesen. RB und BK

Spinnen, Schmetterlinge, Eidechsen und Eichenblätter.

Der Eingang zum Senatstreppenhaus umrahmt von dem Sandsteingewände auf vergoldetem Grund (> Nr. 35).

4.

SENATSTREPPENHAUS UND SPIEGEL

Das breite, hochherrschaftliche Senatstreppenhaus führt zum Hauptgeschoss, wo sich das Senatsgehege und die Repräsentationsräume befinden. Hinter dem Gittertor (> Nr. 36) geht es über sieben Stufen hoch in die Treppenhalle des Obererdgeschosses. Von dort führt eine breite Treppe, deren Stufen aus poliertem sardischem Granit gearbeitet sind, ins Hauptgeschoss.

Blick aus dem Senatstreppen-
haus in die
Rathausdiele.

36 Vor dieser Tür sind nicht alle gleich

Protokollarische Zwänge Die Welt der Diplomatie wird von unzähligen protokollarischen Details bestimmt. So wird das Gittertor zum Senatstreppenhaus für Botschafterinnen und Botschafter, höhere Amtsträgerinnen und höhere Amtsträger sowie bei Staatsbesuchen komplett geöffnet. Wer hingegen „niederen Ranges" ist, etwa Konsul oder Konsulin, muss sich mit einem halb geöffneten Tor begnügen. Doch es gibt Ausnahmen: Um einer größeren Zahl an Gästen den Zutritt zu ermöglichen, wird schon mal das ganze Tor geöffnet. Dann gilt: Praktikabilität vor Protokoll. MB

37 Königliches Purpur

Der rote Läufer Die Stufen des Senats- und Bürgerschaftstreppenhauses zieren rote Läufer. Das ist kein Zufall. Sie sollen den Gästen und Besucherinnen und Besuchern das Gefühl besonderer Wertschätzung geben, sind dabei gleichzeitig Ausdruck der eigenen Macht und Wirkungskraft: Ein roter Teppich „demonstriert auch nach innen in Parlamenten und obersten Gerichten die Souveränität der dort vertretenen Gemeinwesen"[1]. Oder in den Worten des Soziologen Max Weber: Ein roter Teppich liegt dort, „wo Herrschaft oder staatliche Souveränität wie ein Gewehr präsentiert werde"[2].

Die Herstellung der Farbe Rot aus dem Sekret der im Mittelmeer heimischen Purpurschnecke ist überaus aufwendig, rote Stoffe waren daher lange Zeit entsprechend kostbar, ein Statussymbol. Und da die purpurne (blau-rote) Farbe menschlichem Blut ähnelt, wurde sie mit Macht assoziiert. Tempel und Paläste wurden mit purpurfarbenen Stoffen ausgeschmückt, Herrscher, ihre Rechtsberater und Priester hüllten sich in purpurne Gewänder, römische Feldherren trugen Purpurumhänge, und die weiße Kleidung der römischen Senatoren war mit einem Purpurstreifen verziert. Ferdinand und Isabella von Kastilien empfingen im Frühmittelalter hohe Würdenträger auf einem roten maurischen Teppich, und in England wurde Rot seit dem 18. Jahrhundert zur Herrschaftsfarbe nicht nur am Hofe, sondern auch im Parlament und in den Gerichten.
Was ursprünglich ein Privileg der Aristokratie war, wurde von bürgerlichen Regierungsmächten übernommen. Auch in Preußen hielt der rote Teppich Einzug. Wilhelm II. liebte ihn ebenso wie die Nationalsozialisten, die ihn bei Aufmärschen nutzten. Nach der Befreiung vom Nationalsozialismus dauerte es bis Anfang der 1950er-Jahre, bis im bundesrepublikanischen Parlament wieder ein roter Teppich ausgerollt wurde. Heute gehört er, synthetisch gefärbt, zur allgemeinen Fest- und Repräsentationskultur – vom Hamburger Rathaus bis nach Hollywood.[3] RB und BK

Der rote Läufer führt ins Senatgehege und zu den Repräsentationsräumen.

38 „Good Governance“ aus der Antike

Lateinische Sprüche Im Senatstreppenhaus fordert ein ausgeklügeltes Bildprogramm zum verantwortlichen Regieren der Stadt auf, zu dem Glück, aber vor allem Fleiß, Mühe, Sorgfalt und die Fähigkeit, Konflikte friedlich zu lösen, gehören: In luftiger Höhe ist eine Frauengestalt dargestellt, die in ein aufgeschlagenes Buch schreibt. Über sie breitet ein Engel seine Flügel aus. Rechts trägt er einen Lorbeerkranz, die Linke umarmt diese Figur („Mühe und Glück“).

In einem der trapezförmigen Felder zwischen den Deckenrundbögen an der Wand zum Senatsgehege ist Pax als Mutter mit einem Kind dargestellt. Pax, die römische Göttin des Friedens, hält neben ihrem Kind mit einem Arm eine Gesetzestafel: Die Bewahrung des Friedens mittels Gesetzen ist eine der Aufgaben des Staates. Pax gegenüber sitzt eine bürgerliche Lieblingstugend: Diligentia, der Fleiß (Symbol: Spinnrocken), ebenfalls mit Kind.

Am Übergang zur Decke sind lateinische Sinnsprüche zu lesen, „die zum Widerstand gegen das Böse ermahnen“[1]: Auf der Seite zur Ratsstube (> Nr. 43) verteidigt ein Jüngling den Amorknaben gegen ein Rudel Wölfe, die Inschrift dazu lautet: „Nec pluribus impac“ („Der Überzahl gewachsen“). Ein weiteres Bild zeigt einen Adler, der sich auf weidende Lämmer stürzt und abgewehrt wird. Dazu steht: „Numquam retrorsus“ („Nimmer zurück“). In den beiden Feldern auf der Seite des großen Saales (> Nr. 82) verteidigt Eros eine mädchenhafte Psyche gegen einen Satyr, darüber die Worte „Suum cuique“ („Jedem das Seine“), und eine Schlange bedroht Amor, dazu der Spruch „„Nec aspera terrent“ („Keine Furcht vor Mühsal“).[2] **RB und BK**

Oben: Aufruf zum Frieden (pax), unten: „Der Überzahl gewachsen“. Ein Jüngling hält den Amorknaben schützend in seinem Arm.

Die beiden Marmor-Statuen „Gnade“ und „Gerechtigkeit“ am Eingang des Senatsgeheges.

39 Mythische Mahnung aus Marmor

Gnade und Gerechtigkeit Auf dem Treppenspiegel erinnern am Eingang zum Senatsgehege zwei überlebensgroße weibliche Gestalten aus Carrara-Marmor an die früheren richterlichen Aufgaben des Senats: Die „Gnade“, mit Mauerkrone auf dem Kopf, hält einen zerbrochenen Richterstab und ein geschlossenes Gesetzbuch. Die „Gerechtigkeit“ präsentiert am ausgestreckten linken Arm eine Waage und in der rechten Hand das geöffnete Gesetzbuch. Die Brustmedaillons der beiden Figuren spielen auf antike Mythen rund um die beiden Begriffe an.

Das Medaillon der „Gerechtigkeit“ zeigt das Urteil des Salomon. In dieser Geschichte aus dem Alten Testament geht es um zwei Frauen, die jede einen kleinen Sohn geboren haben. Als einer der beiden Säuglinge in der Nacht stirbt, streiten die beiden Mütter um das noch lebende Kind, und König Salomon soll entscheiden, zu wem es gehört. Auf seinen Befehl, das Knäblein mit dem Schwert zu teilen, greift dessen echte Mutter ein. Sie will, dass das Kind überlebt – auch wenn es der anderen Frau überlassen würde. Damit erweist sie sich, wie von Salomon vorausgesehen, als die selbstlose wahre Mutter, die auch einen ungerechten Verzicht akzeptieren würde, um ihren Sohn zu retten. Die falsche Mutter hingegen, so Salomons Annahme, verrät sich, indem sie das Urteil akzeptiert.

Die „Gnade“ trägt auf ihrer Brust das Haupt der Medusa, einer tragischen Figur aus der griechischen Mythologie. Ihr Schicksal ist die Folge patriarchaler Gewalt, die unterschiedlich erzählt und interpretiert wird. Dem Mythos nach ist die schöne Medusa als einzige der drei Töchter der Meeresgötter Phorkys und Keto sterblich. Sie wird von Poseidon vergewaltigt, woraufhin Athene, die eifersüchtig auf Medusa ist, deren Haare in Schlangen verwandelt. Die Zerstörung ihrer Schönheit und ihrer Seele, die sich auch in den Gesichtszügen ausdrückt, wendet sich nun gegen alle anderen Betrachter. Jeder, der ihr ins Gesicht blickt, erstarrt zu Stein. Als Medusa später von Perseus enthauptet wird, gebiert sie, die vom Vergewaltiger geschwängert wurde, durch den Hals den Krieger Chrysaor und das geflügelte Pferd Pegasus. Das abgeschlagene Haupt der Medusa wird zu einer Trophäe mit Abwehrzauber.

RB und BK

Das Gittertor vor dem Eingang zum Senatsgehege, flankiert von den Statuen „Gnade“ und „Gerechtigkeit“ (> Nr. 39). Eine solche Absperrung besaß bereits das alte im Mittelalter erbaute Rathaus, damals als Schutz vor Eindringlingen.

5.

DAS SENATSGEHEGE

Im Zentrum der Macht – Das Senatsgehege ist durch ein reich verziertes verschlossenes Bronzegitter abgesperrt, das an den Diensttagen während der Senatssitzung (> Nr. 43) geschlossen wird. Der Erste Bürgermeister und die Senatorinnen und Senatoren bestimmen den politischen Kurs der Hansestadt. Man darf aber nie vergessen: Das Gefüge zwischen Senat und Bürgerschaft ist fein austariert und Garant für die politische Stabilität der Stadt.

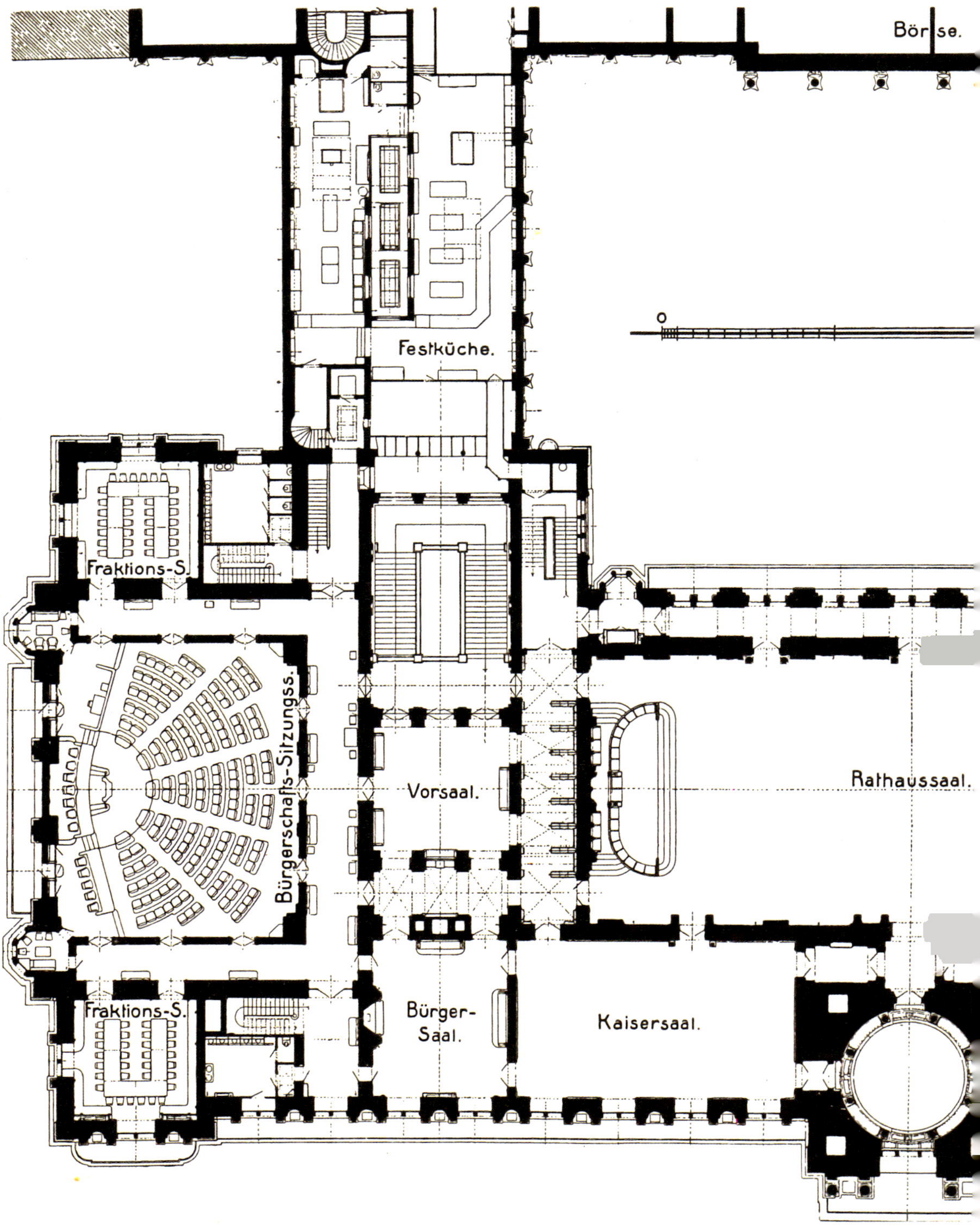
Börse.
Festküche.
Fraktions-S.
Bürgerschafts-Sitzungss.
Vorsaal.
Rathaussaal.
Fraktions-S.
Bürger-
Saal.
Kaisersaal.

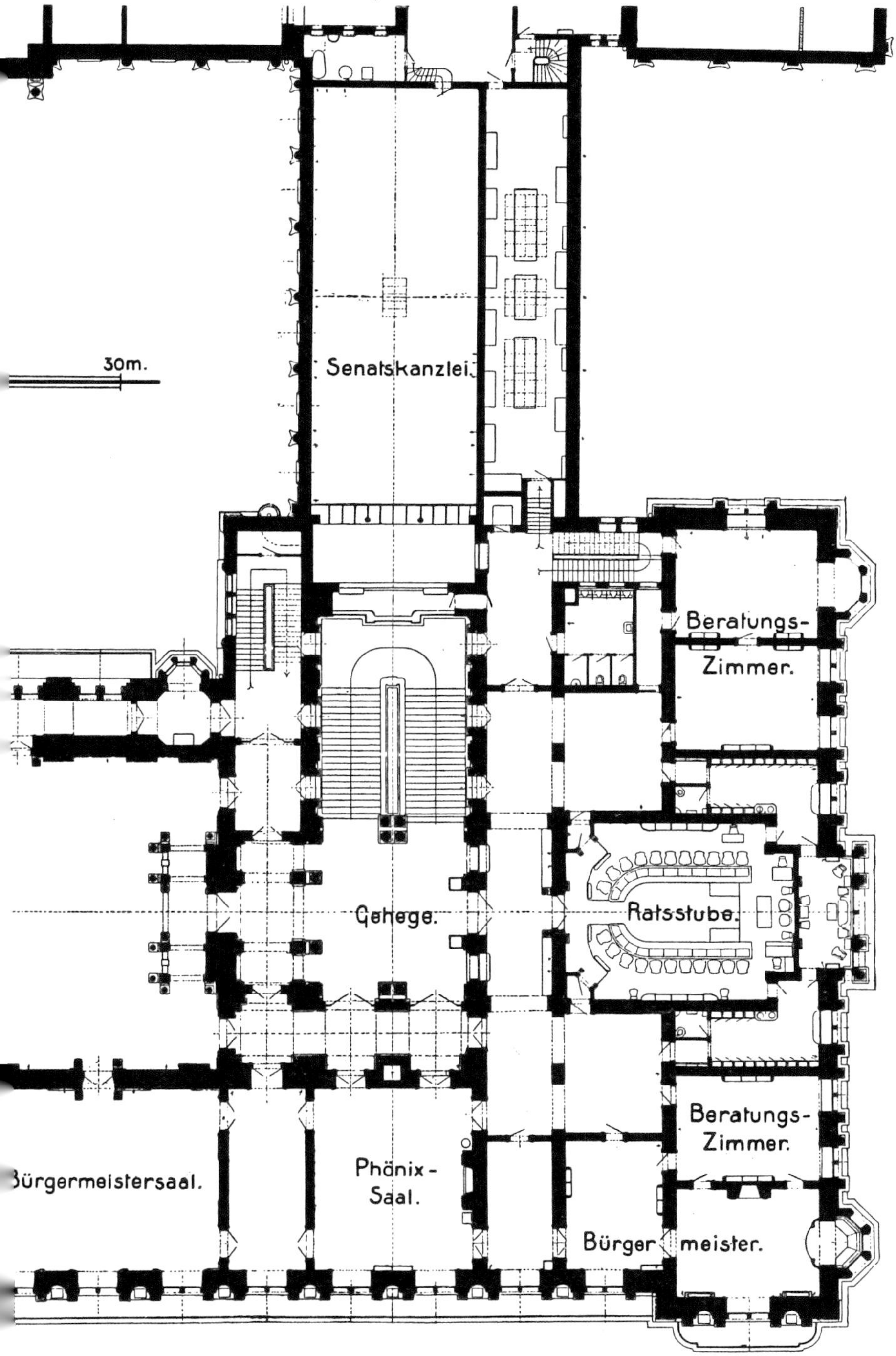

Grundriss von 1897: Hauptgeschoss mit z. B. Großem Festsaal, Turmsaal, allen Repräsentationsräumen sowie Plenarsaal und Ratsstube.

40 Bitte klingeln!

Nebeneingang Auch über ein Nebentreppenhaus und eine große hölzerne Eingangstür erreicht man die Ebene des Senatsgeheges. Links von der geschlossenen Tür befindet sich eine Klingel, darüber ein Schild mit der Aufschrift „Glocke für das Senatsgehege". RB

41 Alle Tassen im Schrank

Teeküche Im Flur des Senatsgeheges befindet sich eine kleine Teeküche, in der Kaffee oder Tee für die Mitglieder des Senats oder des Staatsrätekollegiums (> Nr. 43) sowie für Gäste des Senats zubereitet wird. Das Porzellan trägt das Hamburger Wappen (> Nr. 11) und ist mit Goldrand verziert. RB

42 Dem Senat zu Diensten

Der Schreibtisch der Ratsdiener und Ratsdienerinnen
In den ersten Jahrzehnten nach dem Einzug ins neue Rathaus machten sich Ratsdiener, die dem Senat während der Sitzungen in der Ratsstube eine dringende Nachricht zu überbringen hatten, bemerkbar, indem sie eine Klappe an der Außentür zur Ratsstube öffneten und mit einem Stock gegen die innere Tür pochten. Der Protokollführer nahm dann die Nachricht zwischen äußerer und innerer Tür entgegen.

Später wurde die Nachrichtenübermittlung auf technische Füße gestellt: Sollte während der Senatssitzung eine Nachricht in die Ratsstube gelangen, leuchtete ein rotes Lämpchen am Tisch der zweiten Protokollführerin in der Ratsstube auf. Ein Signal dafür, die Ratsstube zu verlassen, um im Flur die Nachricht vom Ratsdiener oder der Ratsdienerin zu empfangen. Der Schalter für das Lämpchen befindet sich am Schreibtisch der Ratsdiener und Ratsdienerinnen im Flur des Senatsgeheges.

Heute wird er nicht mehr benutzt. Die Nachrichtenübermittlung während der Sitzungen ist nicht mehr so wichtig, weil die Senatorinnen und Senatoren sich hier nicht mehr über viele Stunden zur Beratung zurückziehen (> Nr. 43). RB

43 Wo Hamburg regiert wird

„Der Senat ist die Landesregierung der Freien und Hansestadt Hamburg. Den politischen Kurs bestimmen der Erste Bürgermeister und die Senatoren (...). Zentrale Aufgabe des Senats ist es, das Land Hamburg politisch zu führen, die Entwicklung der Stadt langfristig zu planen sowie die Verwaltung zu leiten und zu beaufsichtigen.“[1)]

Ratsstube Jeden Dienstag ab 12 Uhr findet in der Ratsstube unter dem Vorsitz des Ersten Bürgermeisters die nicht öffentliche Senatssitzung statt. Daran nehmen neben dem Ersten Bürgermeister und der Zweiten Bürgermeisterin die Senatorinnen und Senatoren sowie die Staatsrätinnen und Staatsräte und die Leitung der Pressestelle des Senats teil. Im Gegensatz zu früheren Zeiten werden dort meist nur noch Beschlüsse gefasst, entsprechend kurz sind diese Sitzungen. Die kürzeste Senatssitzung bisher hielt am 3. August 1999 der damals dienstälteste Senator Eugen Wagner (SPD) ab, weil der Erste Bürgermeister und die Zweite Bürgermeisterin urlaubsbedingt abwesend ▶

waren. Die Sitzung dauerte nicht mehr als zweieinhalb Minuten.

Zur Vorbereitung der Senatssitzung findet jeweils am Montagvormittag im Phönixsaal (> Nr. 60) die Staatsräterunde statt. Es kommen die Staatsrätinnen und Staatsräte zusammen, um die Tagesordnung der für Dienstag und den darauffolgenden Dienstag anstehenden Senatssitzung sowie weitere wichtige Themen zu besprechen. Unter dem Vorsitz des Chefs der Senatskanzlei bildet das Staatsrätekollegium ein Gremium, das den Ersten Bürgermeister sowie die Senatorinnen und Senatoren berät. In der Senatssitzung selbst haben die Staatsrätinnen und Staatsräte nur eine beratende Stimme.

Es folgt dann jeden Dienstag vor der Senatssitzung die Senatsvorbesprechung im Bürgermeistersaal (> Nr. 69). Daran nehmen alle Mitglieder des Senats, der Chef der Senatskanzlei, die Bevollmächtigte beim Bund, der Pressesprecher und die stellvertretende Pressesprecherin des Senats sowie die/der Vorsitzende der Regierungsfraktion (bei Koalitionen: der Regierungsfraktionen) teil. In dieser Sitzung werden zum Beispiel Diskussionen über strittige Themen zwischen den Koalitionspartnern (bei einer Koalitionsregierung) und/oder den Behörden geführt. In anderen Vorbesprechungen beraten sich die Koalitionspartner getrennt voneinander.

Nach der Senatsvorbesprechung geht es dann in die Ratsstube, wo um 12 Uhr die Senatssitzung beginnt. Die Tagesordnung bestimmt in der Regel der Erste Bürgermeister. Die Sitzungsthemen werden von den Fachbehörden als „Senatsdrucksache" vorbereitet. Auf dieser Grundlage berichten die Senatsmitglieder über wichtige Angelegenheiten aus ihren Behörden, die eine Entscheidung des Senats notwendig machen. Die „Senatsdrucksachen" sind vertraulich, manchmal sogar streng vertraulich.

Nachdem in der Senatsvorbesprechung schon die Themen der Tagesordnung der Senatssitzung diskutiert wurden, braucht es in der Senatssitzung meist nur noch die Beschlussfassung. Entschieden wird etwa über alle an die Bürgerschaft zu richtenden Anträge, Angelegenheiten, die mit Organen des Bundes, anderer Länder oder des Auslandes verhandelt werden müssen, oder auch Angelegenheiten, die die gesamte Verwaltung betreffen. Der Senat beschließt auch über die Antworten auf Große und Kleine Anfragen und Stellungnahmen zu Ersuchen – also Bitten – der Bürgerschaftsabgeordneten an den Senat.

Die Beschlüsse werden mit einfacher Stimmenmehrheit gefasst. Ist ein Senatsmitglied mit einem Beschluss nicht einverstanden, kann es seine abweichende Auffassung in die Niederschrift aufnehmen lassen. Der Inhalt der Beratungen und die Ergebnisse von Abstimmungen und die Stimmabgabe sind geheim zu halten. Im Anschluss an die Sitzung kann der Senat die Presse über die gefassten Beschlüsse informieren – muss es aber nicht. Die Beschlüsse müssen seit 2012 in einem Informationsregister veröffentlicht werden. RB

44 Unter „freiem Himmel"

Oberlicht In der Ratsstube finden die Senatssitzungen unter Ausschluss der Öffentlichkeit statt (> Nr. 43). Kein Fenster gibt den Blick nach draußen frei, lediglich durch ein Oberlicht in der Decke fällt künstliches Lampenlicht wie Tageslicht in den Raum. Das Lampenlicht wurde im Lichtschacht über der Ratsstube aufgehängt, damit die Raumstimmung unabhängig von der Tageszeit bleibt.

Das Oberlicht symbolisiert den freien Himmel – und nimmt somit Bezug auf einen alten germanischen Brauch, nach dem ein freier Mann nur unter freiem Himmel verurteilt werden durfte. Somit musste über den Häuptern des ehrwürdigen „Rathes" (heute: Senat) der Himmel sein, da ihm bis 1860 auch die Befugnisse des Obergerichts (Judikative) oblagen. RB

45 Ein strategisches Geschenk

Wandbehang Der Erste Bürgermeister und die Zweite Bürgermeisterin sitzen in der Ratsstube unter einem Baldachin als einem Hoheitszeichen. In den dunkelgrünen, samtenen Wandbehang hinter ihnen ist das große Hamburger Staatswappen, umrankt von Girlanden aus Blumen, Blättern, Früchten und Zweigen, gestickt. Darunter steht: „Gestiftet von Hamburgs Frauen 1897".

Mit diesem Geschenk für den Senat zur Einweihung des Hamburger Rathauses hatten sich Hamburgs Frauen geschickt in der Regierungszentrale platziert, obwohl sie damals weder wählen noch politische Ämter übernehmen durften (> Nr. 17, Nr. 103). Da die Damen mit den politischen Zusammenhängen vertraut waren, überreichten sie auch der Bürgerschaft einen Wandschmuck – eine mit Stoff bespannte und bestickte Holzplatte (Panneau) (> Nr. 112).

Die Initiatorin dieser Geschenke war Toni Petersen (1840–1909), Vorsitzende des Damencomités und ledige Tochter des Ersten Bürgermeisters Dr. Carl Friedrich Petersen (> Nr. 77). Sie hatte im Hamburgischen Correspondenten einen Aufruf an „Hamburgs Frauen und Jungfrauen" veröffentlichen lassen, der um Spenden für die Ausschmückung der Sitzungssäle des Senats und der Bürgerschaft warb. Mit Erfolg: Das umfangreiche Spendenverzeichnis liest sich wie ein Who's Who der damaligen Hamburger Gesellschaft. An der Gestaltung des Schmucks beteiligte sich auch Justus Brinckmann (1843–1915), der damalige Direktor des Museums für Kunst und Gewerbe. Sein Medaillon befindet sich in der Rathausdiele (> Nr. 28).

Angefertigt wurden die Wandbehänge von Schülerinnen der Gewerbeschule für Mädchen, zu deren Zielen es gehörte, der Handarbeit, die seit jeher zur häuslichen Beschäftigung von Frauen gehörte, gesellschaftliche Anerkennung als Erwerbsarbeit zu verschaffen. RB

46 Wer sitzt wo am Senatstisch?

Sitzordnung Jeden Dienstag (> Nr. 43) kommen sie an einem hufeisenförmigen Eichentisch in der Ratsstube zusammen: der Erste Bürgermeister, die Zweite Bürgermeisterin, die Senatorinnen und Senatoren, die Staatsrätinnen und Staatsräte sowie die Leitung der Pressestelle des Senats. Das Protokoll führen zwei Mitarbeitende, die an einem kleinen Seitentisch Platz nehmen.

Entscheidend für die Platzwahl der Senatsmitglieder ist, einer alten Tradition folgend, deren Amtsdauer. Am Kopf des Tisches – unter einem Baldachin (> Nr. 45) – sitzen der Erste Bürgermeister und die Zweite Bürgermeisterin. Die dienstälteste Senatorin bzw. der dienstälteste Senator sitzt direkt neben dem Ersten Bürgermeister. Der oder die Zweitdienstälteste sitzt auf der anderen Seite neben der Zweiten Bürgermeisterin. Entsprechend geht es in dieser Reihenfolge weiter. Am Ende des Tisches werden die „Neulinge" platziert. Bei Senatsmitgliedern, die das gleiche Amtsalter haben, richtet sich die Reihenfolge nach dem Lebensalter. Die Plätze sind fest zugeteilt: Fehlt jemand, wird nicht aufgerückt. RB

Auf solchen Stühlen sitzen die Mitglieder des Senats in der Ratsstube.

47 Den Römern abgeschaut

SPQH Diese lateinischen Buchstaben finden sich vielerorts auf der Senatsseite, so auch an dem zweiflügeligen Portal zur Ratsstube. „S" steht für „Senat", „P" für „Populus", „Q" für „que" und „H" für „Hamburgensis". „Senatus Populusque Hamburgensis" bedeutet: „Senat und Volk von Hamburg". Es ist seit 1550 in Hamburg gebräuchlich und eine Abwandlung des antiken römischen Hoheitszeichens „SPQR" („Senat und Volk von Rom"), wahlweise auch: „Senator Predöhl quält Hamburg" oder „Senator Predöhl quasselt hier". Ein Scherz auf Kosten von Dr. jur. Max Predöhl (1854–1923), der 1893 in den Senat gewählt wurde und 1910/11 sowie 1914 und 1917 das Amt des Ersten Bürgermeisters sowie 1913 und 1916 das Amt des Zweiten Bürgermeisters bekleidete. Er war mit Clara Amsinck verheiratet und Vater von neun Kindern.

In Predöhls Anwaltskanzlei arbeitete Carl Ignatius von Ossietzky, der Vater des späteren Journalisten, Pazifisten und Friedensnobelpreisträgers Carl von Ossietzky (geb. 1889, gestorben 1938 an den Folgen der KZ-Haft), als schlecht entlohnter Kanzleischreiber. Nach dem Tod des Vaters unterstützte Predöhl die Familie Ossietzky, indem er für Carl von Ossietzky etwa einen Freiplatz in der bürgerlichen und privaten Rumbaumschen Schule besorgte. An Carl von Ossietzky erinnert ein Medaillon in der Rathausdiele (> Nr. 28). RB

48 Top Secret – vertrauliche Gespräche im Hinterzimmer

Die Ratslaube Etwas „unter der Rose" sagen – das ist eine alte Redewendung für Gespräche, die vertraulich bleiben sollen. Und so geben die kunstvollen Glasmalereien mit Hamburger Motiven in der Laube einen Hinweis auf die Funktion dieses Raums im Senatsgehege: Kein Wort soll aus dem, wenn auch nur gemalten, Blüten- und Blätterwerk nach außen dringen – hier finden interne Besprechungen der Senatsmitglieder statt. Der Raum liegt gut versteckt hinter der Ratsstube (> Nr. 43) und ist neben Glasmalereien mit Wandfliesen in Delfter Blau geschmückt. RB und BK

49 Panoramablick

Wandfliesen Die blauen und violetten Fliesenbilder des Malers und Bildhauers Paul Düyffcke (1847–1910) schmücken die Wandflächen des Raumes über der halbhohen Wandtäfelung. Zu sehen sind „Motive aus alten Hamburger Landesteilen", zum Beispiel die Vogtei in Ritzebüttel, das alte Rathaus an der Trostbrücke, ein Panorama Hamburgs von 1587, das Waisenhaus in der Admiralitätsstraße oder das Bergedorfer Schloss. JF

Panorama von Hamburg von 1587.

50 Wie Bergedorf zu Hamburg kam

Schloss Bergedorf Es ist ein Kleinod – das Schloss Bergedorf, das einzige erhaltene Schloss der Hansestadt. 1208 gab Graf Albrecht von Orlamünde, Statthalter des Dänenkönigs, die Erlaubnis, an der Bille eine Kornwassermühle zu bauen. In ihrem Stauwasser entstand eine Insel – ein idealer Platz für eine Festung. Die Bauern der Vierlande wurden zum «burchwerk» verpflichtet, zum kostenlosen Frondienst. Die Burg wurde Sitz der Herzöge von Sachsen-Lauenburg. Ein viereckiger Bau mit vier 30 Meter langen Flügeln, mit Turm und Zugbrücke an der strategisch wichtigen Handelsstraße vom Elbübergang Ertheneburg über Bergedorf und Bille nach Hamburg.

Die Verwandtschaft des Herzogs sorgte mit zahlreichen Überfällen auf die Wagen hanseatischer Kaufleute für große Unruhe. So zog am 11. Juli 1420 eine Streitmacht von 3800 Reitern, Fußsoldaten und Büchsenschützen aus Lübeck und Hamburg nach Bergedorf, belagerte das Schloss und vertrieb die Soldaten des Herzogs.

Mit dem Frieden von Perleberg übernahmen die Sieger die Stadt und die dazu gehörenden Gebiete. Die Burg wurde Sitz der „beiderstädtischen Verwaltung", ein Kuriosum. Im Wechsel regierte nun ein Lübecker und ein Hamburger Amtmann, der zugleich Burghauptmann war. Das bewährte sich mehr als 400 Jahre. 1868 zahlte Hamburg 200.000 Taler an Lübeck und übernahm Bergedorf mit allem Inventar. Ins Schloss zogen nun das Bürgermeisteramt, das Amtsgericht und die Polizeibehörde ein. Die Wallanlagen wurden in einen Park mit alten Rosen, Stauden und Bäumen verwandelt.

Seit 1953 befindet sich im Schloss das „Museum für Bergedorf und die Vierlande", es präsentiert die Geschichte der Region. Besonderes Schmuckstück ist das Landherrenzimmer mit Vierländer Mobiliar, gefliesten Wänder und einem Ofen aus Hamburger Fayencen. Das Schloss ist außerdem Ort vielfältiger Kulturveranstaltungen, Konzerte und Ausstellungen. MS

Schloss Bergedorf.

51 Die Burg an der Elbmündung

Die Burg Ritzebüttel Ein Detail der bemalten Wandfliesen in der Ratslaube erinnert an eine entscheidende Wende in der Geschichte Hamburgs: die Eroberung der Burg Ritzebüttel an der Elbmündung – etwa dort, wo heute Cuxhaven ist.

Zunächst hatte sich die Stadt gut mit den hier beheimateten Raubrittern arrangiert, die sich verpflichtet hatten, die Sicherheit der Handelsschiffe von und nach Hamburg zu gewährleisten. Als die Junker aber den Turm von Neuwerk (> Nr. 52) erobern wollten, kam es zum Bruch. Die Hamburger schlossen ein Bündnis mit den freien Bauern in der Gegend und gewannen 800 Mann für den Kampf gegen die Ritter von Burg Ritzebüttel, die sie 1393 eroberten. Die Ritter wurden gezwungen, ihren Besitz zwischen Elbe und Weser an Hamburg zu verkaufen. Von nun an beherrschten die Hamburger den über hundert Kilometer entfernten Eingang zum Hafen an der Nordsee.

Über Jahrhunderte wurde Ritzebüttel von Hamburger Amtmännern verwaltet. Die im Zuge der Bürgerlichen Revolution von 1848 erkämpften Rechte führten zur Abschaffung der feudalen Privilegien der Amtmänner. Der letzte Hamburger Senator, der als Amtmann in Ritzebüttel fungierte, war von 1858 bis 1864 Gustav Heinrich Kirchenpauer.

1872 vereinigten sich Cuxhaven und Ritzebüttel zur Landgemeinde Cuxhaven. Unter den Nationalsozialisten wurde das Amt Ritzebüttel durch das Groß-Hamburg-Gesetz von 1937 aufgelöst – und Cuxhaven gegen Altona, Harburg-Wilhelmsburg und Wandsbek eingetauscht. Hamburg blieb der Amerikakai in Cuxhaven. Diesen tauschte die Stadt dann 1961 mit dem Staatsvertrag zwischen Niedersachsen und Hamburg gegen die Inseln Neuwerk und Scharhörn. JF

Burg Ritzebüttel.

Das Konvoischiff
„Wapen von Hamburg I“.

52 Unter vollen Segeln

Bleiglasfenster Wenn das Sonnenlicht durch die Fensterscheiben der Ratslaube fällt, erkennt man die Motive auf ihnen noch deutlicher: den Turm auf der Insel Neuwerk, das Elbdorf Altengamme sowie das Konvoischiff „Wapen von Hamburg I". Bei diesem Schiff, dessen Name „Waffe von Hamburg" bedeutet, handelt es sich um eines von zwei Kriegsschiffen, die der Senat in Auftrag gegeben hatte. Gemeinsam mit der „Leopoldus Primus" hatte es die Aufgabe, Hamburger Handelsschiffe zum Schutz gegen Piraten zu begleiten. Schiffe dieser Art wurden ab 1667 in Dienst gestellt. Ihre Kapitäne hatten Befehlsgewalt über bis zu 150 Seeleute sowie 60 bis 80 Soldaten der Admiralität. Mitte des 18. Jahrhunderts wurde die Konvoischifffahrt eingestellt.

Piraten gab es damals aber auch vor der Haustür: 1299 erlaubte der Graf von Lauenburg den Hamburgern, auf der unbewohnten Insel „Nigen O" – heute: Neuwerk, vor der Elbmündung gelegen – einen Wehrturm zu errichten. Der hölzerne Turm ging zwar bald in Flammen auf, doch nachdem Hamburg um 1310 einen neuen Turm, „Dat Nige Werk", aus Backstein errichtet hatte, besaß die Stadt einen sicheren Stützpunkt an der Elbmündung, um Strand- und Seeräuber fernzuhalten. 1814 wurde er zum Leuchtturm umgebaut. Im Zuge des Groß-Hamburg-Gesetzes von 1937 musste Hamburg auch die Insel Neuwerk abgeben (> Nr. 51), 1969 fiel sie jedoch im Zuge des Cuxhaven-Vertrags (geschlossen 1961) wieder zurück an die Stadt. JF

53 „Im Dienste für andere...!"

Medaillon Im Flur des Senatsgeheges ist über der Tür zum kleinen Zimmer ein Medaillon zu sehen. Es zeigt eine Stele mit der Inschrift „Aliis inserviendo ipse consumor" („Im Dienste für andere zehre ich mich auf"). Der Satz geht zurück auf die christliche Ikonografie, in der der Pelikan für Aufopferung – also für Jesus Christus – steht. Die Pelikanmutter, die ihre Jungen mit ihrem eigenen Blut füttert, wird oft in Verbindung mit dem Spruch „Aliis inserviendo consumor" („Anderen helfend verzehre ich mich") dargestellt. In Briefen verwendete Otto von Bismarck die Formulierung „Patriae inserviendo consumor" als persönliches Motto: „Beim Dienst für das Vaterland zehre ich mich auf."[1] RB

Über der Tür ein gemaltes Medaillon mit einer Stele in der Mitte.

54 „Dem Senat müssen Frauen angehören!"

Paula Karpinski Auf dem Weg zum Empfangszimmer begegnet man seit dem Frühjahr 2001 Paula Karpinski (1897–2005), gemalt im Alter von 103 Jahren von Johannes Duwe. Sie war das erste Senatsmitglied, dessen Porträt bereits zu Lebzeiten einen Platz im Hamburger Rathaus erhielt. (> Nr. 55)

Paula Karpinski (SPD) wurde 1946 die erste Senatorin in der Geschichte Hamburgs. Obwohl ihre Wahl eine historische Wende markierte, ging man nach einer kurzen Begrüßung zur Tagesordnung über. Wie undenkbar für die patriarchal strukturierte Gesellschaft damals eine Frau in der Regierung war, äußert sich auch in der Architektur des Hamburger Rathauses: Es gab in diesem Trakt noch keine Damentoilette. Und so ging Paula Karpinski eben dorthin, wo auch die Männer hingingen.

Als Paula Karpinski von 1946 bis 1953 (und dann wieder von 1957 bis 1961) als Jugendsenatorin amtierte, gab es nur noch eine weitere Frau als Senatorin: Dr. Emilie Kiep-Altenloh (FDP), Senatorin der Sozialbehörde (1954–1957), für Ernährung und Landwirtschaft (1957–1961) sowie der Gefängnisbehörde (1957–1961). Als 1952 über die neue Verfassung der Freien und Hansestadt Hamburg debattiert wurde (> Nr. 106), stellte die FDP-Abgeordnete Emmy Beckmann den Antrag, folgenden Passus darin aufzunehmen: „Dem Senat müssen Frauen angehören." Mit dieser Forderung erntete sie damals nur Gelächter.

Zu Karpinskis bleibenden Erfolgen zählt ihr Einsatz für die Errichtung der Jugendherberge auf dem Stintfang, und zwar gegen den Willen von Bürgermeister Max Brauer (> Nr. 55), Wirtschaftssenator Karl Schiller und Finanzsenator Walter Dudek. Sie hatten sich an dieser markanten Stelle – mit Blick auf Stadt und Hafen – ein Hotel gewünscht. Karpinski vertrat einen anderen Standpunkt: „Die Jugendherberge ist der Ort, zu dem viele junge Menschen aus allen Ländern kommen. Sie sehen auf den Hafen und sind begeistert. Wenn sie älter werden, erinnern sie sich, kommen wieder und werden dadurch für Hamburg ein Wirtschaftsfaktor." Mit dieser Argumentation konnte sie die Herren überzeugen.

Im Alter von 64 Jahren schied Paula Karpinski aus dem Senat aus. Mit 69 Jahren verließ sie die Bürgerschaft, der sie von 1931 bis 1933 und von 1946 bis 1966 angehört hatte. Sie starb 2005 im Alter von 107 Jahren. **RB und BK**

55 Hall of Fame

Bürgermeistergalerie Wenn Hamburgs Erste Bürgermeister ihre Gäste empfangen, sind auch ihre Vorgänger stets anwesend. Denn an den Wänden des Empfangszimmers und des vorgelagerten Flurs hängen die Porträts der früheren Regierungschefs. Bürgermeisterbildnissen begegnet man in vielen Zimmern und Sälen. Da alle Ersten Bürgermeister ihre Porträtisten selbst auswählen dürfen, zeigen die Bilder auch deren stilistische und künstlerische Präferenzen. Gehängt werden die Bildnisse jeweils erst nach dem Ableben der porträtierten Bürgermeister, bis dahin lagern sie auf dem Rathausboden.

Die Porträts von Henning Voscherau (1941–2016), Peter Schulz (1930–2013) und, der während seiner Amtszeit CDU-Mitglied wurde, hängen im Flur. Voscherau (Amtszeit 1988 bis 1997) beauftragte den Hamburger Maler Johannes Duwe (> Nr. 54), der den Bürgermeister auf dessen Wunsch hin vor neutralem Hintergrund auf jenem Bürosessel sitzend dargestellt hat, den er stets benutzte, vor, während und nach seiner Amtszeit. Peter Schulz (Amtszeit 1971 bis 1974) entschied sich für den aus Eutin stammenden Michael Arp, der den Ersten Bürgermeister ebenfalls als Sitzfigur gemalt hat. Das Porträt von Rudolf Petersen (Amtszeit 1945/46), der unmittelbar nach Kriegsende von der britischen Militärregierung ernannt worden war, stammt von Willem Grimm, einem Mitglied der Hamburgischen Sezession. Im Rahmen der Aktion „Entartete Kunst" hatten die Nationalsozialisten 1937 mehrere Werke Grimms in der Hamburger Kunsthalle und anderen Museen konfisziert und anschließend vernichtet.

Das Bild von Petersens Nachfolger, dem aus dem Exil zurückgekehrten Max Brauer (1887–1973) (Amtszeiten 1946 bis 1953 und 1957 bis 1960), ist ein Werk des Sezessionisten Karl Kluth. Durch die expressive Darstellung und die von Rottönen dominierte Farbigkeit unterscheidet es sich von den meisten anderen Porträts. Ähnlich frei im Malduktus ist nur das Porträt, das der an der Hamburger Fachhochschule für Gestaltung lehrende Siegfried Jonas von Kurt Sieveking (1897–1986), einem der wenigen Hamburger Bürgermeister mit CDU-Parteibuch, schuf (Amtszeit 1953 bis 1957).

Paul Nevermann (1902–1979; Amtszeit 1961 bis 1965; > Nr. 24) beauftragte den Hamburger Maler Harald Duwe, den Vater von Johannes Duwe. Das realistische Porträt zeigt Nevermann sitzend, dem Betrachter lächelnd zugewandt, in der rechten Hand die Brille haltend. Außer dem Doppelporträt von Elsbeth und Herbert Weichmann (> Nr. 56) hängt noch das Bildnis von Carl Wilhelm Petersen (1868–1933; Amtszeit 1924 bis 1929 und 1933) im Empfangszimmer, das in mehrfacher Hinsicht interessant ist: Der Politiker der Deutschen Demokratischen Partei wurde am 7. März 1933 von den Nationalsozialisten aus dem Amt gedrängt. Reizvoll ist, dass sich Carl ▶

Oben: Henning Voscherau
Mitte: Peter Schulz
Unten: Rudolf Petersen

Wilhelm Petersen, der Enkel von Carl Friedrich Petersen (> Nr. 45, Nr. 77), 1928 ausgerechnet von Max Liebermann porträtieren ließ, der ihn in impressionistischer Manier, die linke Hand in der Tasche, in der rechten eine Zigarette, eher lässig als repräsentativ darstellte. Anders als einst sein Großvater hatte Carl Wilhelm Petersen kein Problem mit seinem Liebermann-Porträt, das daher auch zu keiner Zeit von einem Vorhang verdeckt werden musste. **MG**

Links: Carl Wilhelm Petersen
Oben rechts: Kurt Sieveking
Mitte rechts: Max Brauer
Unten rechts: Paul Nevermann

56 Bildnis mit Dame

Doppelportrait Weichmann Sie blicken nachdenklich – und wirken zugleich ein wenig entrückt: Sie im roten Kleid sitzend, die Beine übereinandergeschlagen, in der rechten Hand eine Zigarette mit Spitze. Er aufrecht, die Hände im Schoß übereinandergelegt. Das Gemälde im Empfangszimmer des Senats zeigt den ehemaligen Ersten Bürgermeister Prof. Dr. Herbert Weichmann (1896–1983) und seine Frau Dr. Elsbeth Weichmann (1900–1988).

In Vorbereitung auf ein geplantes Porträt von Herbert Weichmann trat die Malerin Almut Heise (geb. 1944) 1986 mit dessen Witwe in Kontakt. Deren Erzählungen und die Tatsache, dass Weichmann auf vielen Fotos neben seiner Frau zu sehen ist, führten zu Heises Entschluss, ein Doppelporträt zu malen. Es ist bis heute das einzige Bild im Rathaus, das einen ehemaligen Ersten Bürgermeister gemeinsam mit seiner Ehefrau zeigt.

Herbert Weichmann wurde in Landsberg/Oberschlesien geboren, arbeitete als Journalist und studierte Rechtswissenschaften, bevor er in Berlin persönlicher Referent des preußischen Ministerpräsidenten Otto Braun wurde. 1933 flohen Elsbeth und Herbert Weichmann, der jüdischer Herkunft war, zunächst nach Paris und 1940 weiter über Spanien und Portugal in die USA. In ihrer neuen Heimat New York vertiefte sich der Kontakt zum ebenfalls vor den Nazis geflüchteten ehemaligen Hamburger Bürgermeister Max Brauer (1887–1973) (> Nr. 55), der das Paar schließlich zur Rückkehr nach Deutschland bewegte.

In Hamburg wurde Weichmann zunächst Präsident des Hamburger Rechnungshofes, dann Wirtschaftssenator und schließlich 1965 für sechs Jahre Erster Bürgermeister (SPD). Er brachte wichtige Bau- und Verkehrsprojekte wie das Congress Centrum Hamburg, den Neuen Elbtunnel oder die Köhlbrandbrücke auf den Weg. Elsbeth Weichmann war von 1957 bis 1974 Bürgerschaftsabgeordnete (SPD), engagierte sich in der Kulturpolitik und trat für Frauenrechte ein. 1957 war sie Mitbegründerin des Arbeitskreises für Verbraucherfragen e.V., der späteren Verbraucherzentrale. 1964 wurde sie Präsidentin des Brüsseler Büros der Verbraucherverbände der EWG-Länder (Europäische Wirtschaftsgemeinschaft, Vorläufer der EU). **RB und BK**

Bis heute einzigartig: der ehemalige Erste Bürgermeister Herbert Weichmann und seine Frau Elsbeth Weichmann, gemeinsam porträtiert.

Bürgermeisteramts-
zimmer: Über dem Kamin
die Büste von Bürger-
meister Petersen.

57 For guests only

Bürgermeisteramtszimmer Das Bürgermeisteramtszimmer ist nicht, wie der Name vermuten lässt, der Arbeitsplatz des Ersten Bürgermeisters. In dem mit Mahagoniwänden, Bleiglasfenstern und Kronleuchter ausgestatteten Salon werden vielmehr Gäste des Senats empfangen. Als Oberhaupt eines Stadtstaates hat der Senat zahlreiche politische und repräsentative Aufgaben zu erfüllen. So vertritt er Hamburg gegenüber dem Bund in Berlin, den anderen Bundesländern sowie – von einem Sitz in Brüssel aus – dem Ausland. Das Arbeitszimmer des Ersten Bürgermeisters befindet sich eine Etage unter dem Bürgermeisteramtszimmer. Der Erste Bürgermeister leitet die Senatsgeschäfte. Er kann sich jederzeit Auskünfte von den Behörden einholen sowie Akten und sonstige Unterlagen von den Senatsmitgliedern verlangen (> Nr. 43). Der Status des Ersten Bürgermeisters ist etwa vergleichbar mit dem eines Ministerpräsidenten in Flächenländern. RB

58 Familiensaga

Hamburger Familienwappen Im obersten Drittel der Wandvertäfelung im Bürgermeisteramtszimmer sind auf 16 Bronzetafeln die Namen aller Hamburger Bürgermeister samt deren Familienwappen von 1264 bis ins frühe 20. Jahrhundert eingelassen. Als letzter Name findet sich hier Werner von Melle (1853–1937), der 1915 und 1918 zum Ersten Bürgermeister gewählt wurde. Es gab zwar bereits seit 1216 einen Senat, der bis 1860 den wohlklingenden Namen „hochedler und hochweiser Rath“ führte. Aber erst 1264 wurde ein Bürgermeisteramt eingeführt.

Bis 1712 kamen die Ratsmänner ausnahmslos aus der Kaufmannsschicht. Erst ab dieser Zeit wurden auch Juristen in den „Rath“ aufgenommen. Dabei erfolgte die Besetzung des Senats hauptsächlich aus Hamburgs alteingesessenen Familien, die wirtschaftliche und politische Macht ausübten und gleiche Interessen verfolgten. Dazu gehörten z. B. die Familien Sillem, Amsinck, Kellinghusen, Lutheroth – um nur einige zu nennen. Die 50 bis 60 Ratsmänner rekrutierten ihre Nachfolger selbstständig und wählten aus den eigenen Reihen die Bürgermeister – auf Lebenszeit.

Der Rat hatte im Mittelalter das absolute Sagen. Das passte den Männern der „erbgesessenen Bürgerschaft“ – also den Bürgern, die Grundeigentum besaßen – jedoch überhaupt nicht, und so kam es immer wieder zu erheblichen Streitereien.

1410 setzte die Bürgerschaft einen Rezess – eine Art Vorläufer einer Verfassung – durch. Nach diesem war es dem Senat verboten, Bürger willkürlich zu verhaften, eigenmächtig Kriege zu erklären und unbewilligt Steuern zu erheben, ohne die Zustimmung der Bürgerschaft eingeholt zu haben.

1529 folgte ein weiterer Rezess, der es dem Rat auferlegte, nur noch mit Zustimmung der Bürgerschaft Gesetze zu erlassen und vor einem Ausschuss der Bürgerschaft Rechenschaft über seine Entscheidungen abzulegen. Gleichwohl „verfügte [der Senat] nahezu unbeschränkt über die städtischen Ämter und besetzte sie sicherlich nicht immer mit den Fähigsten“[1)].

Erst nach blutigen Unruhen im Jahre 1712 konnten die Bürger mit einem erneuten Hauptrezess durchsetzen, dass Rat und erbgesessene Bürgerschaft gemeinsam zum Träger der Staatsgewalt wurden.

Mit der 1860 eingesetzten Verfassung wurden die Begriffe Erster und Zweiter Bürgermeister für diejenigen Senatsmitglieder, die dem Senat vorstehen, festgelegt. Ab dieser Zeit wurde der Senat bis zur Verfassungsreform von 1996 (> Nr. 69) von der Bürgerschaft gewählt, bis 1918 auf Lebenszeit. RB

59 Die Welt zu Gast in Hamburg

Das Goldene Buch Im Bürgermeisteramtszimmer liegt das „Goldene Buch" der Stadt Hamburg aus. Es wurde von der Familie des Bürgermeisters Carl Friedrich Petersen (1809–1892) (> Nr. 45, Nr. 77) gestiftet und ist kein Buch im eigentlichen Sinne, sondern eine Loseblattsammlung: In einer Kassette, mit Leder bezogen und mit Blattgold besetzt, liegen einzelne Büttenpapierblätter, auf denen sich die Ehrengäste und Würdenträgerinnen und -träger der Stadt verewigen.

Rückblickend liest sich das Buch als Spiegel jeweils herrschender Machtverhältnisse. So folgten auf den ersten Unterzeichner Reichskanzler Fürst Otto von Bismarck (am 22. Oktober 1897) zunächst vorwiegend Admiräle, Generäle oder Piloten. Bis 1932 unterschrieben insgesamt nur drei Frauen, zwei davon als Gattinnen, eine – Auguste Viktoria – als Kaiserin.

Im November 1950 unterzeichnete erstmals eine Frau wegen ihrer beruflichen Position: Helen J. Imrie, die Leiterin des Hamburger Amerika-Hauses. Von 2000 bis Mai 2022 trugen sich 235 Männer und 71 Frauen ins Goldene Buch der Stadt ein. Unter ihnen sind die Modeschöpferin und „Womens' World Award"-Preisträgerin Vivienne Westwood (im Juni 2004), der Dalai Lama (im Juli 2007), Dr. Wladimir Klitschko in seiner Funktion als Boxsportler (im Mai 2014), die Pianistin Martha Argerich (im Juni 2018) und die indische Wissenschaftlerin und Umweltaktivistin Prof. Dr. Vandana Shiva (im August 2021).[1)]

Dass lose Blätter für das Goldene Buch gewählt wurden, zeugt von Weitsicht, denn so lassen sich die Unterschriften von Ehrengästen bei Bedarf geräuschlos wieder herausnehmen. Eintragungen von Verantwortlichen des NS-Regimes hat man entfernt – mit einer Ausnahme: Die Unterschrift von Reichspropagandaminister Joseph Goebbels (NSDAP) ist noch im Buch vorhanden – man hat sie allerdings überdeckt.[2)] Entfernen mochte man das Blatt nicht, weil sich hier auch die Unterschrift des zweiten und letzten Reichspräsidenten der Weimarer Republik und Ehrenbürgers von Hamburg (> Nr. 88) Paul von Hindenburg befindet. Allerdings ist auch der umstritten, weil er Adolf Hitler zur Macht verhalf. In letzter Zeit wurden in mehreren deutschen Städten Straßen, die seinen Namen trugen, umbenannt – in Hamburg betrifft das einen Teil der Hindenburgstraße. RB

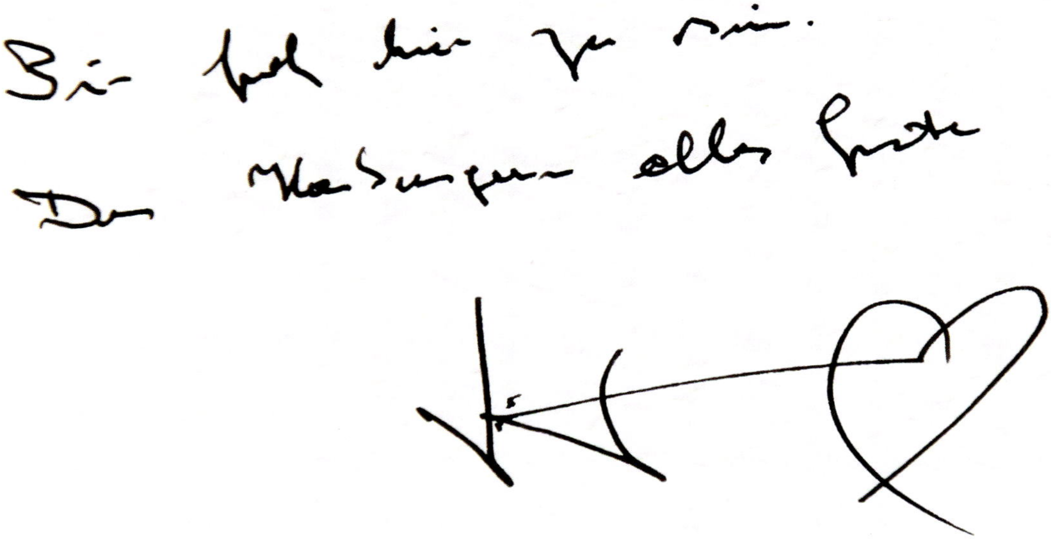

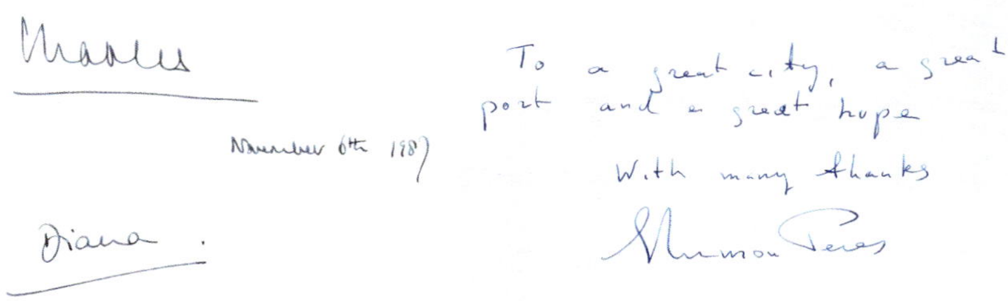

Unterschriften von oben nach unten: Jean-Claude Juncker (2018, Präsident der EU-Kommission). Auguste Victoria (1904, Deutsche Kaiserin, Königin von Preußen). Francois Mitterand (französischer Präsident) und Frau Danielle (1982). Kronprinz Charles und Prinzessin Diana (1987). Schimon Peres (2000, Minister für überregionale Zusammenarbeit in Israel).

Blick vom Waisenzimmer durch den Bürgermeister-saal bis hin zum Bürgersaal.

6. REPRÄSENTATIONSRÄUME

Auf derselben Geschossebene wie die Räume des Senatsgeheges liegen die Repräsentationsräume. Grundsätzlich dürfen sowohl der Senat als auch die Bürgerschaft diese Räume im Rathaus nutzen. Bei den meisten dieser Säle genießt allerdings der Senat das Vorrecht der Nutzung. Einzig auf den Bürgersaal (> Nr. 95) darf die Bürgerschaft zuerst zugreifen. Beim Großen Festsaal (> Nr. 82) gibt es ein solches Vorrecht nicht – beiden steht die Nutzung gleichermaßen zu.

1842
Das Alte stürzt, es ändert sich die Zeit,
und neues Leben blüht aus den Ruinen
1897

60 Aus der Asche

Phönixsaal Dieser Raum verdankt seinen Namen dem bronzenen Phönix (> Nr. 16), der hoch über dem Kamin thront. In der Mythologie wird der Vogel Phönix aus seiner Asche wiedergeboren. Das Gemälde darunter stammt von dem Maler Arthur Fitger (1840–1909) und zeigt die Hamburger Schutzpatronin Hammonia (> Nr. 12). Mit einem Rosenzweig in der Hand schreitet sie über rauchende Trümmer. Unter dem Bild ist ein Satz aus Friedrich Schillers „Wilhelm Tell“ zu lesen: „Das Alte stürzt, es ändert sich die Zeit, und neues Leben blüht aus den Ruinen.“ Phönix und Hammonia erinnern an den Großen Brand von Hamburg.

Am 5. Mai 1842 brach in der Deichstraße 42 aus unbekannten Gründen ein Feuer aus. Wind aus westlicher und südwestlicher Richtung trieb die Flammen über die Stadt. Aus Angst vor Regressforderungen hatte der Senat viel zu spät die Erlaubnis gegeben, das Feuer, das sich in breiter Front durch das Stadtzentrum wälzte, durch Sprengungen einzudämmen.

Erst am späten Nachmittag des 5. Mai bestellte er den Artilleristen Leutnant Johann Nicolaus Voorjans ins Rathaus ein, um seine sachkundige Meinung zu der Frage einzuholen, „ob es anwendbarer wäre, die Häuser zu sprengen, oder mit Kanonen niederzuschießen“. Beide Maßnahmen bargen große Gefahren für die Menschen. Voorjans empfahl, Brandschneisen durch das Niederreißen von Häusern in Handarbeit durch die Stadt zu ziehen. Dennoch wurden am Abend desselben Tages von den Ingenieuren Francis Giles und William Lindley (> Nr. 64) erste Sprengungen vorgenommen. Zu den gesprengten Gebäuden gehörte auch das alte Rathaus an der Trostbrücke.

Die meisten Sprengungen erreichten das Gegenteil dessen, was beabsichtigt war: eine Brandschneise zu schaffen, um dem Feuer die „Nahrung“ zu nehmen. Da niemand die brennbaren Materialien nach den Sprengungen entfernte, wütete das Feuer weiter. Erst am 8. Mai, als der Wind drehte, kam das Feuer zum Stillstand. Der Verlust war immens: Petri- und Nikolaikirche, 4219 Wohnungen und 102 Speicher waren zerstört. 51 Menschen waren ums Leben gekommen, 120 verletzt, fast 20 000 hatten ihr Zuhause verloren.

Auch Salomon Heine (1767–1844), Bankier und Onkel des Dichters Heinrich Heine (> Nr. 5), hatte sein Bankhaus am Jungfernstieg 34 sprengen lassen, um die Ausbreitung des Feuers zu verhindern. Später gewährte Salomon Heine der Stadt zinsfreie Millionenkredite für den Wiederaufbau und verzichtete auf seine Entschädigung durch die Feuerkasse. Salomon Heine half ohne Ansehen des Glaubens. So gab er auch Geld für den Wiederaufbau der zerstörten Kirchen St. Petri und St. Nikolai. Doch weil er Jude war, wurde ihm – aller Verdienste zum Trotz – das Hamburger Bürgerrecht verweigert. Heute ehrt ihn ein Medaillon in der Rathausdiele (> Nr. 28). **JF und RB**

61 Die Macht des Feuers

Geschmolzener Silberbarren Ungewöhnliche „Zeitzeugen" im Phönixsaal sind die zwei übereinanderliegenden, geschmolzenen Silberbarren aus dem Keller des alten Rathauses, die nach dem Großen Brand geborgen werden konnten. Der untere Barren ist noch als solcher erkennbar, der obere wurde in der Hitze des Feuers bizarr verformt. Die Silberbarren liegen auf einem Podest rechts vom Kamin.

Die Barren gehörten zum Silberschatz Hamburgs, der zur Deckung der Hamburger Courant-Währung eine bedeutende Rolle spielte. Der Materialwert des Silbers sicherte die Kreditwürdigkeit Hamburgs. JF

62 Bombennächte

Das Gemälde der in Flammen stehenden St. Katharinenkirche im Phönixsaal, zeigt eine der Bombennächte während des Zweiten Weltkriegs: Nach einem britischen Luftangriff am 30. Juli 1943 brannte die Kirche vollständig aus. 1944 wurde sie erneut schwer beschädigt. Der Wiederaufbau begann 1950 und war 1957 abgeschlossen. Das Gemälde ist mit „1945“ beschriftet. Am 8. Mai 1945 endete der Zweite Weltkrieg in Europa, und Deutschland wurde vom Nationalsozialismus befreit. Auf dem Kaminsims liegt ein unscheinbares Objekt, das an den Zweiten Weltkrieg erinnert. Es ist ein Bombenzünder. Der Erzählung nach gehörte er zu einer Fliegerbombe, die nach einem Luftangriff auf Hamburg direkt vor dem Rathaus gefunden wurde. Wenn das stimmt, dann ist es allein diesem defekten Zünder zu verdanken, dass das Rathaus überhaupt noch existiert. JG

63 Alte Liebe

Die Uhr im Phönixsaal Die in Eiche geschnitzte Uhr über der Büste von Simón Bolívar (> Nr. 65) im Phönixsaal wurde vom Amt Ritzebüttel (> Nr. 51) gestiftet und trägt viele Embleme, Gegenstände und Tiere, die sich auf die Ritzebüttel gehörende Hafenstadt Cuxhaven beziehen: Duckdalben und von Tang bewachsene Anker, Hummer, Schnecken, Muscheln, Ratten und Möwen, eine Kugelbake und den Spruch „Alte Liebe rostet nicht" – ein Wortspiel, gemünzt auf die bekannte Landungsbrücke.[1)] RB

64 Der mutige Kaufmann und der geniale Ingenieur

Theodor Dill und William Lindley
Zwei Porträts erinnern im Phönixsaal an Männer, die – jeder auf seine Weise – zu Helden der hamburgischen Geschichte wurden: der mutige Kaufmann Theodor Dill und der geniale Ingenieur William Lindley. Ihre in Holz geschaffenen Medaillons befinden sich links vom Kamin und dem Hammonia-Gemälde.

Der Retter der Börse: Theodor Dill
Als sich am 6. Mai 1842, einen Tag nach dem Ausbruch des Großen Brandes, abzeichnete, dass das Feuer auf die Börse übergreifen könnte, versuchte eine Gruppe Freiwilliger, darunter Theodor Dill, die Bibliothek der Börse zu sichern und die wertvollen Folianten zu retten. Mit neun Männern, die sich noch in der bereits von Flammen umzingelten Börse befanden, versuchte er, mit den spärlichen Wsservorräten aus der Küche und den Toiletten das Feuer einzudämmen. „Zum Schluss wurde das zur Neige gehende Wasser nur noch löffelweise verwendet", so berichtete Dill später. Und doch gelang es, das Gebäude, in dessen Umkreis nach dem Brand nur Schutt und Asche zu finden waren, zu retten.

In den Zeitungen tauchten jedoch die Namen anderer Männer als Retter der Börse auf. Nicht so sehr darüber ärgerte sich Theodor Dill jedoch, als vielmehr über Octavio Schroeder, den Präses der Commerz-Deputation, der nach dem Brand kaum ein Wort über die Rettungsaktion verloren hatte. Dill schrieb dazu später: „Ich vermute, es wird Herrn Präses geärgert haben, dass er sich ein wenig zu voreilig aus dem Staube gemacht hat", und versah seinen Bericht mit dem „Wallenstein"-Zitat: „Dein Weg ist krumm, er ist der meine nicht, Octavio, das will mir nicht gefallen." Später, so heißt es, habe man sich versöhnt.

Der Modernisierer Hamburgs: William Lindley

Kaum jemand hat Hamburg auf dem Weg zur modernen Metropole so geprägt wie William Lindley (1808–1900). Das Wirken des britischen Ingenieurs in der Hansestadt begann mit dem Bau der 19 Kilometer langen Hamburg-Bergedorfer Eisenbahnlinie. Ihre feierliche Eröffnung am 5. Mai 1842 musste zwar abgesagt werden, weil am selben Tag der Große Brand ausbrach. Doch die Bahn leistete während der folgenden Schreckenstage gute Dienste – beim Transport von Brandbekämpfern und Material und vor allem der Evakuierung der Menschen aus der Hamburger Innenstadt ins sichere Bergedorf. Lindley und seine Mitarbeiter versuchten derweil, den Brand mit gezielten Sprengungen aufzuhalten (> Nr. 60).

Als das Inferno am 8. Mai gestoppt werden konnte, war mehr als ein Viertel des damaligen Stadtgebiets zerstört. Noch während der Aufräumarbeiten erhielt der sächsische Vermessungsingenieur Christian August Nagel (1821–1903) auf Initiative Lindleys den Auftrag, die Stadt auf trigonometrischer Grundlage neu zu vermessen. Nagels Kartierung wurde zur Grundlage einer neuen technischen Infrastruktur der Stadt, an deren Bau auch Lindley beteiligt war. 1848 entwickelte der Brite gemeinsam mit dem Architekten Alexis de Chateauneuf die Pläne für ein Wasserwerk in Rothenburgsort. So war die Bevölkerung nicht mehr auf das Wasser der Fleete angewiesen, in die sie ihre Abwässer entsorgte. Eine weitere bedeutende Leistung Lindleys war die Planung eines Sielsystems, das heute als Herzstück der Kanalisation gilt und erst vor wenigen Jahren – nach rund 175 Jahren – erneuert wurde. Zudem plante Lindley die erste Gasanstalt Hamburgs, die ein neues System der Straßenbeleuchtung mit Gas- anstelle von Öllampen speiste. JF

65 Preis des Wohlstands

Die Büste Simón Bolívars

Die Büste Simón Bolívars (1783–1830), eine Arbeit des Bildhauers Léon-Ernest Drivier (1878–1951), wurde am 12. Oktober 1926 im Rathaus aufgestellt. Sie befindet sich im Phönixsaal an der Innenwand zum Senatstreppenhaus und wurde von den Generalkonsulaten von Venezuela, Kolumbien, Ecuador, Peru, Bolivien und Panama anlässlich der Hundertjahrfeier der Unabhängigkeit ihrer Länder von Spanien (> Nr. 72) gestiftet. Hamburg hatte als kleiner Stadtstaat bereits frühzeitig damit begonnen, diplomatische Beziehungen zu den jungen lateinamerikanischen Staaten aufzubauen. Schon vor der Unabhängigkeit spielten hamburgische Händler eine wichtige Rolle für den Handel mit der Region. Viele von ihnen hatten Dependancen in Cádiz, dem Zentrum des Handels zwischen Spanien und seinen amerikanischen Kolonien.

Einige der importierten Waren, zum Beispiel Zucker, wurden noch bis in die 1880er-Jahre von Sklaven hergestellt. Auch bei der Gewinnung von Guano, Salpeter oder Kautschuk herrschten menschenunwürdige, ausbeuterische Arbeitsbedingungen, an denen die Hamburger Händler und die europäischen Abnehmer indirekt beteiligt waren. UM

Die am Rathausbau beteiligten Bauarbeiter der Firma Braun Gebr. im Juli 1889.

66 Die wahren Helden

Erinnerung an die Menschen, die das Rathaus gebaut haben

Bei Renovierungsarbeiten 1994 wurde im Phönixsaal „an versteckter Stelle" ein Sinnspruch entdeckt, der die Erinnerung an die Arbeiter und Handwerker einfordert: **„Wer aber denkt der Schwielenhand / wenn sie erst modern wird im Sand"**. Darunter sind die Namen derjenigen aufgeführt – vermutlich waren es Maler –, die diesen Richtfestspruch subversiv verewigt haben.[1] Heute ist dieser Spruch nicht mehr zu sehen.

Über die Arbeiter- und Handwerkerschaft, die das Rathaus errichtet hat, erfahren wir selten etwas.[2] Haben sich die Rathausbaumeister von Julie de Boor auf einem Gemälde porträtieren lassen, das heute im Ratsweinkeller hängt (> Nr. 121), so sucht man nach einem entsprechenden Bild, das die Arbeiter und Handwerker würdigt, vergebens, und auch eine Erinnerungstafel für diejenigen, ohne die dieser Prachtbau nicht hätte errichtet werden können, ist nicht vorhanden. Zur Einweihungsfeier des Rathauses am 26. Oktober 1897 waren Vertreter der Handwerker und Arbeiter nicht eingeladen worden, dafür aber Diplomaten, Stifter, Konsuln, Beamte, Deichvögte, die Rathausbaumeister, insgesamt 650 Gäste (unter ihnen auch 120 Damen der „Hamburger tonangebenden Gesellschaft"). Auch heute ist es nicht üblich, Bauleute zu Einweihungsfeiern einzuladen. Dafür werden beim Richtfest auch selten Nichtbauleute zugelassen. Erwähnung fanden die Arbeiter und Handwerker in der Einweihungsrede von Bürgermeister Lehmann, der ihnen, „die in Treue und Geschicklichkeit, die ihnen bei diesem Bau übertragenen Arbeiten ausgeführt haben", einen Dank aussprach.[3]

Erinnert sei hier daran, dass bei den Bauarbeiten zwei Arbeiter tödlich verunglückten und 15 verletzt wurden.[4] RB

67 Die kleinen Kunsthandwerker

Das Waisenzimmer Das Waisenzimmer ist kein Prunkraum, was seine räumlichen Dimensionen betrifft. Seine Attraktivität liegt vielmehr im feingeschnitzten Detail: imposante Kerbschnitzereien an Wänden, Türen und Decke und besonders der Name „Waisenzimmer" verleihen ihm eine geheimnisvolle Aura – und doch dient der kaum möblierte Raum mit seinen fünf Türen lediglich als Durchgangszimmer.

Gefertigt wurden die Wandverkleidungen aus Ahornholz von 80 Waisenhausknaben im Alter zwischen zehn und vierzehn Jahren unter Anleitung des Waisenhauswerkmeisters Axel Peterson. Bei dieser Kerbholzschnitztechnik kamen 15 Zentimeter lange Messer zum Einsatz. Als Gegenleistung erhielten die Kinder einen kleinen Obolus. Das Werk wurde bei der Rathauseröffnung feierlich überreicht. Seither wird Zimmer Nr. 219 „Waisenzimmer" genannt. Zwischen Waisenhaus und Rathaus bestand eine enge Verbindung. Einige Senatoren und Bürgerschaftsabgeordnete waren Mitglieder des Waisenhauskollegiums und leiteten in

Links: Die unverwechselbaren Schnitzereien in der Holzvertäfelung des Waisenzimmers. Rechts: Die aus einem einzigen Eichenblock gefertigte Statuette von Senator Max Theodor Hayn, Schutzherr der Hamburger Waisenhäuser.

dieser Funktion die Geschicke des Hauses. Für die Waisenkinder übernahmen sie auch eine Art Elternschaft: Sie waren deren Vormünder bis zur Volljährigkeit. Ein Vertreter des Senats war sogar Schutzherr der Hamburger Waisenhäuser. Eine 87 Zentimeter hohe Büste im Waisenzimmer erinnert an ihn – den Kaufmann Max Theodor Hayn (1809–1888), der 1857 Senator und später Zweiter Bürgermeister wurde.

Als das Rathaus eröffnet wurde, standen rund 6000 Kinder unter der Obhut des Waisenhauses. Die meisten von ihnen waren Halbwaisen oder uneheliche Kinder. Ihre Mütter waren arm und konnten das Existenzminimum nicht erarbeiten, auch bedingt durch die geringen Verdienstmöglichkeiten und Löhne für Frauen.Die guten Kontakte zwischen Waisenhaus und Rathaus zahlten sich für beide Seiten aus. So erhielten Senat und Bürgerschaft nach dem Großen Brand von 1842 (> Nr. 60) in den Räumen des Waisenhauses in der Admiralitätsstraße Notquartier – das Waisenhaus selbst zog in ein Provisorium. Deshalb sah sich der Senat dem Waisenhaus verpflichtet und begann vier Jahre später mit den Planungen für einen Waisenhausneubau. 1858 wurde das neue Waisenhaus in der Averhoffstraße bezogen. RB

68 Getrennt von den Müttern

Waisenhausschicksale Welches Schicksal, welches Leid ist im Waisenzimmer in den von Waisenkindern gefertigten Schnitzereien eingekerbt? Keine Inschrift erinnert an die 80 Waisenkinder, die dieses Kunstwerk gemeinsam schufen. Deshalb sollen zwei der Kinder hier vorgestellt werden: Wilhelm Martin Berger war fünf Jahre alt, als sein Vater im Alter von 38 Jahren starb. Seine Mutter, die als Reinemache- und Waschfrau arbeitete, konnte ihre fünf Kinder nicht ernähren, und so kamen drei von ihnen ins Waisenhaus: Wilhelm Martin (5), Otto Ernst (9) und Friedrich (12). Wegen seines jungen Alters überwies das Waisenhaus Wilhelm Martin zu Pflegeeltern nach Kummerfeld. Ihre Mutter sahen die Kinder fortan nur noch selten, für Besuche bei ihr brauchte es eine schriftliche Erlaubnis durch den Direktor des Waisenhauses. Mit 15 Jahren wurde Wilhelm Martin konfirmiert und begann im selben Jahr 1898 eine vierjährige Lehre bei einem Schlossermeister. Anschließend ging er auf Wanderschaft, hielt zum Waisenhaus aber ständigen Kontakt – auch weil hier sein spärlicher und mühsam angesparter Verdienst verwaltet wurde. Mit 25 Jahren heiratete er, wurde Vater eines Sohnes und begann, als Schmied zu arbeiten. Wilhelm Martin Berger starb mit 83 Jahren.[1)]

Heinrich Richard Greiss, geboren am 10. Juli 1884, war sechs Jahre alt, als sein Vater, ein Zimmermann, starb. Die Mutter arbeitete nach dem Tod ihres Mannes als Näherin, doch reichte ihr Verdienst nicht, um ihren Sohn zu ernähren. Heinrich wurde bei einer Frau Timm in Pinneberg in Pflege gegeben, wo er ein Jahr blieb. Danach lebte er bis zum Schulabschluss im Waisenhaus. Als Kind wurde er hier einmal nach seinem Geburtstagswunsch gefragt und antwortete, er wünsche sich nichts sehnlicher, als einmal an einem Wochenende bei seiner Mutter sein zu dürfen und mit ihr am Sonntagmorgen im Bett zu kuscheln. 1899 begann er in Bergen eine vierjährige Lehre zum Maschinenbauer. Während der gesamten Lehrzeit erhielt er nur einmal einen achttägigen Urlaub, um seine Mutter zu besuchen. Nach der Lehrzeit ging Heinrich auf Wanderschaft, arbeitete eine Zeit lang im Harz und wurde, als sein älterer Bruder heiratete, von der Mutter nach Hamburg zurückgerufen, um sich fortan um sie zu kümmern. In Hamburg arbeitete er im Schlachthof als Werkmeister.[2)] RB

Die Waisenhausknaben mit ihrem Lehrer Axel Peterson 1897 vor den Schnitzereien, die sie für das Rathaus angefertigt haben.

69 Schwere Würde

Bürgermeistersaal Gepunzte Ledertapete, poliertes Mahagoni und glänzender Marmor: Der Bürgermeistersaal ist einer der reich verzierten Repräsentationsräume im Rathaus. Auf Sockeln sind die Büsten von sechs Bürgermeistern aufgestellt, darunter Carl Friedrich Petersen (1809–1892) (> Nr. 45, Nr. 77) und Johannes Versmann (1820–1899).

Ein Detail sticht besonders ins Auge: Es ist ein 4,70 Meter breites und 2,90 Meter hohes Gemälde von Hugo Vogel (1855–1934), das die Senatoren mit ihren Syndizi und Sekretären beim Einzug in das soeben eröffnete neue Rathaus am 26. Oktober 1897 zeigt.

Sie tragen die zu feierlichen Anlässen übliche Amtstracht: eine schwere schwarze Robe mit steifer weißer Halskrause. 1919 wurde sie abgeschafft.Nach der Hamburger Verfassung von 1860 bestand der Senat aus 18 Senatoren, deren Zusammensetzung streng geregelt war: Neun von ihnen mussten Rechts- und Kameralwissenschaften studiert haben, mindestens sieben weitere hatten dem Kaufmannsstand anzugehören. Hinzu kamen sechs nicht stimmberechtigte Mitglieder, davon zwei Syndizi und vier Senatssekretäre. Im Laufe der Jahrzehnte schrumpfte der Senat – ab 1921 auf 16 und

ab 1952 auf 12 Mitglieder, einschließlich des Ersten und des Zweiten Bürgermeisters bzw. der Ersten und Zweiten Bürgermeisterin.

Über Jahrhunderte hinweg hatte sich der Senat aus den männlichen Mitgliedern mächtiger Hamburger Familien rekrutiert. Erst 1946 wurde mit Paula Karpinski die erste Senatorin vereidigt (> Nr. 54). Und erst 1997, unter dem damaligen Bürgermeister Ortwin Runde (SPD), hielten sich männliche und weibliche Senatoren erstmals die Waage. Allerdings geriet das Geschlechterverhältnis in den folgenden Legislaturperioden immer wieder aus dem Gleichgewicht.

Von 1860 bis zur Verfassungsreform 1996 wurde der Senat von der Bürgerschaft gewählt, bis 1918 sogar auf Lebenszeit. Seit der Reform von 1996 wird nur noch der Erste Bürgermeister bzw. die Erste Bürgermeisterin von der Bürgerschaft in geheimer Wahl gewählt. Dieser oder diese beruft dann die Zweite Bürgermeisterin bzw. den Zweiten Bürgermeister sowie die Senatorinnen und Senatoren. Die Auswahl muss von der Bürgerschaft in geheimer Abstimmung mit einfacher Mehrheit bestätigt werden. Auch die Entlassung von Senatorinnen und Senatoren kann nur der Erste Bürgermeister bzw. die Erste Bürgermeisterin vornehmen.

Seit der Verfassungsreform von 1996 hat der Erste Bürgermeister bzw. die Erste Bürgermeisterin mehr Macht: Er bzw. sie ist nun nicht mehr „Primus inter pares" (Erster unter Gleichen), sondern bestimmt die Richtlinien der Politik. Vor 1996 hatte dies der Senat als Ganzes getan. RB

70 Hulbes Rache

Von Ledertapeten und Denunziantentum Ursprünglich hatten die Rathausbaumeister für die Wände des Bürgermeistersaals eine prunkvolle Seidenbespannung vorgesehen. Diese hätte nach Ansicht der Rathausbaukommission aber einen zu luxuriösen Eindruck vermittelt. Man wollte eine gediegene und würdige Gestaltung, und so fiel die Entscheidung auf eine Tapete aus der in Hamburg ansässigen berühmten Lederprägefirma von Georg Hulbe (1851–1917).

In Hulbes Fabrik, in der über 200 Mitarbeiter – unter ihnen Künstler, Sattler und Buchbinder – beschäftigt waren, wurden neben Ledertapeten auch Schreibmappen, Paravents und Möbel angefertigt. Zudem unterhielt Hulbe in mehreren Großstädten Ladengeschäfte, die seine Produkte vertrieben. 1897 lieferte die Firma die Tapeten für Ratsstube und Kaisersaal, ein Jahr später erhielt sie den Auftrag für die punzierte Bespannung der Wände des Bürgermeistersaals. Auch das Goldene Buch der Stadt (> Nr. 59) wurde bei Hulbe bestellt.

Hulbes fabelhaftem Ruf zum Trotz wurde er 1911 in einen Justizskandal verwickelt: Der Rechtsanwalt und Bürgerschaftsabgeordnete der Frakti-

Links: die geprägte Ledertapete im Bürgermeistersaal; oben: die Illustration „Karneval" aus der Satirezeitschrift „Simplicissimus", die zur Anzeige gegen Hulbe führte.

on der Rechten (> Nr. 102) Rudolf Mönckeberg (1846–1917) – Bruder des drei Jahre zuvor verstorbenen Bürgermeisters Johann Georg Mönckeberg (1839–1908) (> Nr. 78) – hatte den Kaiserlichen Hoflieferanten Hulbe angezeigt, weil dieser drei, wie es hieß, „unzüchtige" Bilder des Künstlers Ferdinand von Rezniček (1868–1909) im Schaufenster seines Ladengeschäfts am Jungfernstieg ausgestellt hatte. Es kam zum Prozess, in dem Hulbe kundtat, dass er sich keiner Schuld bewusst gewesen sei, weil die Bilder zuvor in der satirischen Zeitschrift „Simplicissimus" erschienen waren. Hulbe wurde dennoch zu einer Geldstrafe von 50 Mark verurteilt.

Hulbes Rache sollte nicht lange auf sich warten lassen. Umgehend ließ er von dem renommierten Bildhauer Hermann Perl, der sich bei der inneren Gestaltung des Alten Elbtunnels einen Namen gemacht hatte, ein satirisches Relief anfertigen und an seinem gerade fertiggestellten Ladengeschäft und Bürogebäude, dem Hulbe-Haus in der Mönckebergstraße, anbringen. Das Relief zeigt einen feisten Mönch auf einem Einhorn, das von einem Narren geführt wird. Hinter den beiden steht ein Wasserträger.

Die Botschaft des Bildes ist verschlüsselt, doch Rudolf Mönckeberg wird sie zu deuten gewusst haben, schließlich kommt auch in seinem Familienwappen ein Mönch vor. Zudem trägt der Mönch auf dem Bild in der einen Hand ein Buch mit der Überschrift „Modekritik" und zieht mit der anderen das „Banner der Kunst" durch den Straßendreck. Bei dem Wasserträger hinter ihm handelt es sich um den berühmten Johann Wilhelm Bentz, besser bekannt als „Hummel", der die Spottrufe von Kindern stets mit einem unflätigen „Mors, Mors" (sinngemäß: „Ihr könnt mich mal ...") beantwortet haben soll. Dass diese Szene nur unweit des Straßenschilds „Mönckebergstraße" – benannt nach seinem Bruder – hing, dürfte Rudolf Mönckeberg weit mehr geärgert haben als Hulbe die Aufregung rund um die Bilder in seinem Schaufenster. JF

71 Muse mit Kamin

Klio Auf dem Kaminsims liegt Klio, die Muse der Geschichtsschreibung, halb ausgestreckt auf dem Scheitel einer stilisierten Muschel. Sie trägt die Namen verdienter Bürger in das Buch der Geschichte ein, das von einem Knaben gehalten wird. Ein zweiter Knabe verkündet mit einer Posaune den Ruhm der hier Verewigten. Auf einem Bronzeschild ist folgende Inschrift angebracht: „Wer den Besten seiner Zeit genug getan, der hat gelebt für alle Zeit."

Musen verkörpern die Vorstellung von göttlicher Eingebung, unerklärlicher Inspiration von außen, die nicht planbar ist und den ganzen Menschen erfasst. Musen könnten aber auch als Ausdruck patriarchaler Strukturen gelten, denn sie stehen unter männlicher Herrschaft: So galt der Apoll, Gott des Lichts und der Künste, als Anführer der Musen. In der griechischen Mythologie sind sie auf dem Parnass, einem Gebirgsmassiv in Zentralgriechenland, zu Hause. BK

72 Ein Symbol der Fruchbarkeit

Phrygische Mützen im Bürgermeistersaal Neben Löwenmähnen erspähen wir im Kronleuchter des Bürgermeistersaals Abbildungen von Männerköpfen mit auffälligen, abgeknickten Mützen. Es könnte sich dabei um eine Kopfbedeckung handeln, die aus der Antike bekannt ist. So trugen bereits die antiken Phryger solche aus einem gegerbten Stierhodensack gefertigte Mützen – ein Verweis auf den Mythos des Sonnengotts Mithras, der einen Stier getötet haben soll, was als Symbol für Fruchtbarkeit gilt. In der Mythologie tragen Frauen die „phrygische Mütze" nur, wenn ihnen „männliche" Macht zugesprochen wird. So wurden die thrakische Jagdgöttin Bendis sowie ihr römisches Pendant Diana mit der Mütze dargestellt.

Eine Renaissance erlebte die Mütze im Zuge der Französischen Revolution, wo sie als Erkennungsmerkmal der Jakobiner fungierte. Dieser „politische Klub" setzte sich größtenteils aus den unteren gesellschaftlichen Schichten zusammen, es waren aber auch Ärzte, Rechtsanwälte und Handwerker darunter. Ihr Ziel war es, die konstitutionelle Monarchie durch eine Republik zu ersetzen, was ab Sommer 1793 in einer einjährigen Schreckensherrschaft („La Terreur") mit Unterdrückung, Hinrichtungen und Zwangswirtschaft mündete. Die Jakobiner trugen die „phrygische Mütze" als Symbol für ihren Freiheitskampf, sie hielten sie nämlich für eine Kopfbedeckung freigelassener Sklaven in der Antike. Das allerdings ist ein Irrtum: Befreite Sklaven trugen einen Pileus – eine Filzkappe.

Die hier im Bürgermeistersaal zu sehenden „phrygischen Mützen" könnten – in Anlehnung an den Mythos des Sonnengotts Mithras – für Stärke und Fruchtbarkeit stehen. Sie könnten aber auch – in Erinnerung an die Jakobiner – ein Symbol für den Kampf um Freiheit und Unabhängigkeit sein. Darin könnte auch ein Hinweis auf die engen Beziehungen zu den Staaten Lateinamerikas stecken, deren Unabhängigkeit Hamburg 1827 als erster Staat anerkannte (> Nr. 65). In Lateinamerika findet sich die Mütze nämlich in zahlreichen Wappen und Flaggen. So ziert sie die Wappen Kubas und Kolumbiens ebenso wie die Staatsflaggen von Nicaragua oder Haiti. In Brasilien trägt die „Efígie da República", eine Allegorie der Republik, diese Mütze. Auch in den USA ist sie zu finden: auf dem Siegel des Senats sowie auf den Flaggen der Bundesstaaten New York und New Jersey. ST

Im Kronleuchter: Männerkopf mit phrygischer Mütze.

73 Auf Augenhöhe

Stadtrepubliken Jedes Jahr am 1. Januar lädt der Erste Bürgermeister alle Hamburgerinnen und Hamburger zum Neujahrsempfang in den Turmsaal. Bei dieser Audienz schütteln die Besucherinnen und Besucher dem Ersten Bürgermeister und der Zweiten Bürgermeisterin die Hand und übermitteln Glückwünsche zum Neuen Jahr. Das Deckengemälde im Turmsaal zeigt berühmte Männer und Frauen (> Nr. 74, Nr. 75). An den Wänden sind auf vier allegorischen Gemälden die Stadtrepubliken Athen, Rom, Venedig und Amsterdam zu sehen. Die Bilder unterstreichen Hamburgs Selbstverständnis als Republik.

Athen: die Wehrhafte.

Athen
Vor der Akropolis ist links Athene, die wehrhafte Göttin der Weisheit und Beschützerin der Kunst, zu sehen. Zu ihren Füßen: eine heilige Eule, Symbol der Weisheit; neben ihr ein Gelehrter. Rechts im Vordergrund: der Bildhauer Phidias, Schöpfer der Kolossalstatue der Athene Parthenos. Auf einer Steintafel, die er präsentiert, ist die Skizze der Varvakion-Athene zu sehen, dahinter ein Modell der thronenden Zeusstatue aus Olympia.

Rom
Roma wird begleitet von der Kapitolinischen Wölfin, hier am oberen rechten Bildrand. Sie säugte die Zwillingsbrüder Romulus und Remus, die sagenhaften Gründer Roms. Links im Vordergrund steht ein nahezu vollständig entblößter Mann mit Ruder. Es ist der Flussgott Tiber, der Romulus und Remus vor dem Ertrinken gerettet hatte, nicht jedoch Rheia Silvia, die Mutter der Zwillinge und Priesterin der keuschen Göttin Vesta, die Göttin des römischen Staatsherdes, hier mit dunklem Haar und hellem Gewand dargestellt. Rheia Silvia war wegen ihres unkeuschen Verhaltens zum Tod durch Ertrinken mitsamt ihren Neugeborenen verurteilt worden. Der Kult der Göttin Vesta war von höchster Wichtigkeit für das Wohlergehen Roms. In ihrem Tempel auf dem Forum Romanum brannte ein ewiges Feuer. Hier im Bild überreicht Vesta einem Krieger ein Schwert für einen Landfeldzug. Das Rutenbündel und das Kriegsbeil im Vordergrund symbolisieren Strafgewalt über die Bürgerschaft.

Venedig
In Sichtweite des Dogenpalastes sitzt die gekrönte rothaarige Stadtgöttin Venetia auf einem Thron, ihr zu Füßen der geflügelte Markuslöwe. Zwischen ihren Fingern hält Venetia den Ring des Dogen als Zeichen der Vermählung zwischen ihm und dem Meer. Dieses Ritual, während der „Festa della Sensa" (zu Christi Himmelfahrt) zelebriert, leitet heute der jeweilige Bürgermeister von Venedig. In respektvollem Abstand vor den Stufen des Thrones steht Poseidon mit Dreizack. Zwei Tritonen und eine Najade reichen ihm Perlen und Korallen als Gastgeschenke.

Amsterdam
Amsterdam steht für Fernhandel und Reformation. Links vor dem Rathaus zeigt sich Götterbote und Kommerzexperte Hermes mit Flügelhut; eine Malaiin präsentiert ihm mit Füllhorn Kostbarkeiten, möglicherweise Gewinne der Ostindischen Handelskompanie, mit der die Niederlande im heutigen Indonesien durch koloniale Herrschaft und Unterdrückung zu Reichtum gelangten. Eine Frau im gelben Kleid mit Halskrause verhandelt intensiv mit Hermes. „Handeln und Wirken der Kompanie waren in erster Linie am Streben nach maximalem wirtschaftlichem Gewinn ausgerichtet. Teilweise implizierte diese Zielsetzung auch die Etablierung von Herrschaft über Territorien und Menschen." [1)] Darauf verweist die Kanone, in Gestalt eines Höllenhundes. Direkt daneben steht auf einem Prachtband der Bibel der Kelch des Abendmahls mit schwebender leuchtender Hostie – als Zeichen der Reformation. RB und BK

Rom: die Erhabene.

Venedig: die Ehrwürdige.

Amsterdam: die Ruhmreiche.

Die Deckenmalereien mit gemalter Balustrade.

74 Mit 19 Jahren auf dem Scheiterhaufen

Jeanne d'Arc Zu den historischen Persönlichkeiten, die als Deckenmalerei im Turmsaal zu sehen sind und die die „sittlichen und verstandesmäßigen Förderungsmittel der menschlichen Freiheit" [1] verkörpern, gehört Jeanne d'Arc (1412–1431). In Rüstung und mit Fahne betritt sie die Balustraden-Bühne. Als 13-Jährige hörte Jeanne d'Arc beim Schafhüten Stimmen, die sie aufforderten, Widerstand gegen England zu leisten, das Teile von Frankreich besetzt hatte. Jeanne d'Arc befehligte ein Ritterheer und befreite die Stadt Orléans, besiegte das englische Heer und führte den Dauphin Karl VII. zur Krönung nach Reims. Später wurde sie von diesem schmählich im Stich gelassen und den Engländern ausgeliefert. In einem aufsehenerregenden Schauprozess wurde Jeanne d'Arc als Ketzerin zum Tode verurteilt und mit 19 Jahren in Rouen auf dem Scheiterhaufen verbrannt. 24 Jahre später wurde sie zur Märtyrerin erklärt und 1920 heiliggesprochen. **RB und BK**

Jeanne d'Arc in ihrer Rüstung, darüber die Göttin der Wahrheit mit dem Spiegel, der die Wahrheit ans Licht bringt.

75 Die Freiheit im Spiegel

Die Göttin der Wahrheit Auf der Balustrade im Turmsaal schwebt die „Göttin der Wahrheit" in den Wolken. In ihren Händen hält sie einen Spiegel, der die Wahrheit ans Licht bringt. In die Bronzetafeln, alle von weiblichen Figuren gehalten, sind Namen von Wissenschaftlern und Politikern eingraviert, darunter der sagenhafte Heerführer Arminius, besser bekannt als „Hermann der Cherusker", oder der erste Präsident der USA, George Washington (1732–1799). Die hier gezeigten haben sich als „Persönlichkeiten der Weltgeschichte" um die Freiheiten, die sich in „Vaterlandsliebe", „Sittlichkeit", „Menschlichkeit" und „Wissenschaft" verkörpern, verdient gemacht. Mit Blick auf die Göttin der Wahrheit sei die Frage erlaubt: Freiheit für wen?

George Washington (1732–1799) etwa, einer der Gründerväter der USA und somit der republikanischen Demokratie, war bis kurz vor seinem Tod seinerseits Sklavenhalter. Einige Sklaven hatte er von seinem Vater „geerbt", andere brachte seine Frau Martha Dandridge Custis (1731–1802), Witwe eines Plantagenbesitzers und Sklavenhalters, in die Ehe. Selbst als die ersten Staaten Amerikas ab 1780 die Sklaverei abschafften, nahmen die Washingtons weiterhin die Dienste ihrer Sklavinnen und Sklaven in Anspruch. Erst nach seinem Tod – so verfügte Washington es in seinem Testament – sollten diese freigelassen werden. Die Sklaven und Sklavinnen seiner Ehefrau kamen noch später frei.

Und der Feldherr Arminius, der die Römer im 9. Jahrhundert in der Varusschlacht besiegte und als „Befreier Germaniens" gilt, entführte Thusnelda – die Quellen betonen: mit ihrem Einverständnis –, die Tochter des Cheruskerfürsten Segestes, um sie zu heiraten. Thusnelda wurde zur Schachfigur im Spiel der Mächte; frei über ihr Leben entscheiden konnte sie nicht. Nachdem Segestes sich seine mittlerweile schwangere Tochter gewaltsam zurückgeholt hatte, belagerte Arminius die Burg des Schwiegervaters. Segestes rief seinen Freund, den Römer Germanicus, zu Hilfe. Die Römer zwangen Arminius zum Rückzug. Zum Dank lieferte Segestes den Römern seine Tochter als Geisel aus. Sie gebar in römischer Gefangenschaft einen Sohn und wurde – in Anwesenheit ihres Vaters – als Trophäe mit dem Säugling im Triumphzug der Römer mitgeführt. Über ihr weiteres Schicksal ist nichts bekannt. **RB und BK**

76 Kaiser Wilhelms Frühstart

Kaisersaal mit Deckengemälde Dass der Kaisersaal schon zwei Jahre vor dem Rathaus eingeweiht wurde, hatte mit einem Ereignis zu tun, auf das dessen gesamte bildkünstlerische Ausstattung Bezug nimmt: die Einweihung des Nord-Ostsee-Kanals (damals Kaiser-Wilhelm-Kanal) am 19. Juni 1895. Zu diesem Anlass war Wilhelm II. (1859–1941) auch nach Hamburg gereist, wo man ihm im Kaisersaal des sonst noch unfertigen Rathauses einen glanzvollen Empfang bereitete. Ostsee und Nordsee, deren Verschiedenartigkeit und Verbindung, werden hier mit einem üppigen Bildprogramm zelebriert, das ganz in der Tradition des späten Historismus steht. Auf der über der Tür der Längsseite angebrachten Inschriftentafel reichen sich zwei Frauengestalten als Verkörperungen der beiden Meere die Hand. Und auch auf den Deckenlünetten (halbkreisförmigen Bogenfeldern) befinden sich Allegorien von Nord- und Ostsee. Während diese Darstellungen ▶

Die reich bemalte
Decke des Kaisersaals.

für heutige Besucherinnen und Besucher fremd wirken mögen, waren Allegorien gebildeten Bürgerinnen und Bürgern des 19. Jahrhunderts wohlvertraut.

Maßgeblich geprägt wird der in Weiß- und Goldtönen gehaltene Saal durch die starke Farbigkeit der opulenten Deckengemälde, die in den Stichkappen (kleinen Gewölben) der Längsseiten die Allegorien der Hafenstädte an Ost- und Nordsee zeigen. Raumbeherrschend ist jedoch das große Mittelbild der Decke, das von dem aus Bremen stammenden Arthur Fitger stammt. Fitger, ein Spezialist für dekorative Monumentalmalerei, der u.a. auch den Zyklus der „Lebensalter" im Treppenhaus der Hamburger Kunsthalle schuf, inszenierte hier den „Triumph der deutschen Flagge" als eine ziemlich nasse Angelegenheit. Im Zentrum dieses theatralisch anmutenden, von spärlich bis gänzlich unbekleideten Figuren beherrschten Seestücks hält ein Genius mit ausgebreiteten Engelsflügeln die schwarz-weiß-rote Handelsflagge des Kaiserreichs triumphierend in die Höhe. Umgeben ist er von einem Geleitzug tierischer und menschlicher Meereswesen, die den Wohlstand symbolisieren, den der prosperierende Seehandel mit sich bringt. Der Kunsthistoriker Hermann Hipp bezeichnet das als „eine betont friedliche Interpretation des auslösenden Ereignisses",[1] da nichts in diesem Bild an die seekriegsstrategischen Motive erinnert, die für den Bau des Nord-Ostsee-Kanals maßgeblich waren. MG

Links: das Gemälde von Liebermann, rechts: das Gemälde von Julie de Boor.

77 Hamburgs größter Kunstskandal

Carl Friedrich Petersen Carl Friedrich Petersen (1809–1892) war ein überaus beliebter Politiker (> Nr. 45, Nr. 69, Nr. 55). Zwölfmal hatte man ihn zum Ersten Bürgermeister gewählt und war damit stets gut gefahren. Der versierte Jurist hatte sich 1866 erfolgreich gegen die Annexion durch Preußen gewehrt, war aber weitsichtig genug gewesen, 1888 Hamburgs Zollanschluss gegen erhebliche Widerstände durchzusetzen. Mit mehr als 80 Jahren übte er die Amtsgeschäfte noch immer aus. Dass ein Porträt dieses verdienten Bürgermeisters fürs Rathaus in Auftrag gegeben wurde, lag also auf der Hand.
Das Petersen-Bildnis von Julie de Boor, das heute im Kaisersaal hängt, hat allerdings eine interessante Parallelgeschichte, die mit dem wohl größten Hamburger Kunstskandal des 19. Jahrhunderts verbunden ist.

Unabhängig vom Rathausauftrag hatte auch Kunsthallendirektor Alfred Lichtwark (> Nr. 28) ein Porträt des Politikers in Auftrag gegeben, und zwar bei dem ebenso berühmten wie damals umstrittenen Berliner Maler Max Liebermann. Der Impressionist, der den Auftrag gern annahm, bekam ein Foto des Bürgermeisters nach Berlin geschickt, das ihn sofort begeisterte. „Das ist in der Tat ein ausgezeichneter Kopf, und Frans Hals würde daraus einen eminenten Hals [niederländischer Maler des 17. Jhdts.] gemacht haben. Das Kostüm – obgleich es in der Fotografie etwas nach Theater aussieht – ist ebenfalls riesig malerisch, und auf seine Beine hat der Herr ganz recht, stolz zu sein“[1], schrieb Liebermann, der sich gleich ans Werk machte. Im Frühjahr 1891 kam es wahrscheinlich auch zu einer persönlichen Begegnung zwischen dem Maler und dem „superben alten Mann“, von dem Liebermann noch einige Vorstudien zeichnete. Einige Monate später vollendete Liebermann das Porträt in einem Atelier, das ihm

Lichtwark in der Kunsthalle zur Verfügung gestellt hatte.

Der Museumsdirektor war damit zufrieden, der Porträtierte jedoch ganz und gar nicht. Als Petersen das fertige Bild sah, zeigte er sich erbost, weil er sich in dem dargestellten Greis nicht wiedererkennen mochte. Am 14. November 1892 starb der Bürgermeister, und noch auf dem Sterbebett nahm er seinem Nachfolger das Versprechen ab, dass die Kunsthalle das skandalöse Bild nicht öffentlich zeigen dürfe. Diesen letzten Wunsch hatte er offenbar nicht ganz präzise formuliert, sodass Lichtwark gewisse Spielräume blieben. So hing das Bild zwar nicht offen in der Kunsthalle, aber Interessenten konnten es trotzdem betrachten. Sie mussten nur ins Kupferstichkabinett gehen, denn dort befand sich das 206 x 119 cm große Porträt hinter einem Vorhang. Und nachdem Liebermann 1903 pro forma noch ein paar „kosmetische Korrekturen" angebracht hatte, setzte man sich schließlich ganz über den Willen des Verstorbenen hinweg und zeigt das Porträt seither ohne Vorhang.

Mit dem von der Rathausbaukommission etwa zeitgleich bei der Hamburger Malerin Julie de Boor (> Nr. 121) in Auftrag gegebenen Porträt hatte Petersen hingegen kein Problem. Es zeigt ihn zwar auch angegraut, aber deutlich jünger mit energischem Blick auf einem Stuhl mit hoher Lehne sitzend: ein aktiver Politiker, der den Eindruck macht, als habe er seine Beschäftigung mit den vor ihm auf einem Tisch liegenden Papieren nur für einen Moment unterbrochen. So wollte sich Carl Friedrich Petersen auch mit über 80 noch sehen, vor allem wollte er aber so von der Nachwelt gesehen werden. MG

78 Hamburgs Einkaufsmeile trägt seinen Namen

Johann Georg Mönckeberg Im Kaisersaal hängt ein Porträt von Dr. Johann Georg Mönckeberg (1839–1908) (> Nr. 6), der zu Hamburgs berühmtesten Bürgermeistern gehört, nicht nur, weil nach ihm die zentrale Einkaufsstraße in der Innenstadt benannt ist. Der Jurist Mönckeberg wurde 1862 in Hamburg als Advokat zugelassen, zog 1871 in die Bürgerschaft und wurde 1873 in den Senat gewählt, dem er bis zu seinem Tod angehörte. Ab 1890 bekleidete er mehrmals das Amt des Ersten Bürgermeisters.

Zu Mönckebergs Zeiten erlebte Hamburg gewaltige Veränderungen: Die Stadt wuchs rasant, was immense Investitionen nötig machte, etwa in die Infrastruktur. Nach der Choleraepidemie 1892 (> Nr. 122) ließ Mönckeberg ganze Quartiere abreißen und neu errichten. Die Vororte erlebten einen Bauboom, die Hamburger Hochbahn wurde gegründet. Ein weiteres Ziel Mönckebergs war es, den sozialen Frieden zu sichern. Der Hamburger Hafenarbeiterstreik 1896/97 (> Nr. 85) hatte die gesellschaftlichen Probleme und sozialen Unterschiede, zu Bewusstsein gebracht. Mönckeberg stemmte sich 1905 gegen eine Einschränkung des allgemeinen Wahlrechts zugunsten der Besserverdienenden, was die Arbeiter ihm hoch anrechneten. 1907 gestand er Frauen das Recht auf außerhäusliche Tätigkeit zu, später ebnete er Mädchen den Weg zum Abitur auf dem Realgymnasium.[1)]

Von der Ehrung einer außergewöhnlichen jungen Frau seiner Zeit nahm Mönckeberg jedoch wieder Abstand: Er hatte vorgeschlagen, die bereits im Alter von 17 Jahren verstorbene Schauspielerin Charlotte Ackermann (1757–1775) mit einem Medaillon in der Rathausdiele (> Nr. 28) zu würdigen. Ackermann, die bereits im Alter von vier Jahren auf der Bühne gestanden und im Laufe ihres kurzen Lebens an zahlreichen Stücken mitgewirkt hatte, war eine der bekanntesten Schauspielerinnen ihrer Zeit. Für diejenigen, die über die Säulenmedaillons entschieden, taugte Ackermann dann aber doch nicht als Vorbild. Wenn man schon Frauen in der Rathausdiele ehrte, dann sollten es Frauen sein, die bürgerlichen Idealen entsprachen, die ehrbare Hausfrauen, Mütter und Wohltäterinnen waren (> Nr. 30). Nach Ackermanns Familie, allesamt im Schauspielberuf tätig, wurde 1899 im Stadtteil Hohenfelde eine Straße benannt. RB

79 Stürmische Zeiten

Schuss durchs Wappen Der Kaisersaal ist vor allem der Seefahrt und den Handelsbeziehungen Hamburgs gewidmet, mit Darstellungen der Kontinente und einiger Hafenstädte an der Nord- und Ostsee, zu denen man enge Beziehungen pflegte – und bis heute pflegt (> Nr. 76). Ein Detail im Raum aber stellt die hier zur Schau gestellte Größe gewissermaßen infrage: In dem Hamburgwappen nämlich, das als Ornament in der Mitte des reich verzierten Kronleuchters hängt, klafft ein Einschussloch. Wie es dazu kam, ist unbekannt, möglicherweise wurde der Schuss während der Novemberrevolution 1918 abgefeuert. Ein anderes Einschussloch, das sich einst im Rathaus befand, wird jedenfalls auf den Aufstand zurückgeführt. Es ging mitten durch die Brust von Gerhard Hachmann, Erster Bürgermeister von 1900 bis 1901 sowie 1904. Glücklicherweise handelt es sich in diesem Fall um sein Abbild. Der Schuss traf den Hachmann auf dem „Senatsbild" von Hugo Vogel, das seit 1904 im Bürgermeistersaal des Hamburger Rathauses hängt (> Nr. 69). Heute kann man hier keinen Schaden mehr entdecken: Hugo Vogel persönlich hat das Bild 1927 restauriert.[1] Auch im Phönixsaal (> Nr. 60) befindet sich ein mysteriöses Einschussloch, weitere sind – für jedermann sichtbar – auf den Fahnenmasten vor dem Rathaus. Kleine Spuren, die von stürmischen Zeiten in der Hansestadt erzählen. JG

Delfine mit Segelschiffen und Waagen im Maul.

80 Beistand bei Schiffbruch

Türblätter Die Türblätter im Kaisersaal, geschmückt mit Messing- und Perlmutt-Intarsien, zeigen Putten, die mit Zahnrädern hantieren, und Delfine, die Segelschiffe und Kontobücher mit Waagen tragen. Delfine galten in der Antike als heilig, da sie im Ruf standen, Schiffbrüchige zu retten. An dieser Stelle erhoffte man sich wohl ihren Beistand angesichts der Unwägbarkeiten der Handelswelt. RB und BK

81 Umgang mit Orden

Ehrungen und Medaillen Hanseaten, so heißt es, nehmen keine Orden – und tatsächlich: In Hamburg und anderen Hansestädten heftet man sich bis heute deutlich weniger Auszeichnungen ans Revers als anderswo. Der Grund für die Bescheidenheit reicht weit zurück in die Geschichte und zeugt, so erzählt man sich, vom Stolz und von der Freiheitsliebe der Hansestädter.

Das Ordensverbot – auch „Hanseatische Ablehnung" genannt – ist zwar nicht rechtlich festgeschrieben, stellt aber eine moralische Leitlinie dar, die für Senatoren und Senatorinnen quasi bindend ist, wie der Senat zuletzt 1999 bestätigte. Demnach gilt bis heute das Gebot, dass amtierende und ehemalige Senatorinnen und Senatoren keine Ehrungen annehmen. Was passiert, wenn man diese Regel bricht, musste Senator Gustav Godeffroy erfahren, der sich 1878 geweigert hatte, einen Orden des russischen Zaren Alexander II. zurückzugeben: Der Senat erkannte ihm alle Titel und Vorrechte ab und strich seinen Namen aus dem Staatshandbuch. In dieser Tradition ist es auch zu verstehen, dass Helmut Schmidt 1968, da war er SPD-Fraktionsvorsitzender im Bundestag, das „Große Verdienstkreuz mit Stern und Schulterband" zurückwies.

Für Hamburgerinnen und Hamburger, die nicht dem Senat angehören, gelten keine besonderen Regeln – und so nehmen sie das Bundesverdienstkreuz und andere Ehrungen in der Regel gerne an. Auch die Stadt selbst ehrt Bürgerinnen und Bürger für besondere Verdienste. Die höchste Form der Auszeichnung durch den Hamburger Senat ist die Verleihung der Ehrenbürgerwürde (> Nr. 88), die übrigens auch Helmut Schmidt 1983, da war er bereits Bundeskanzler a. D., gerne annahm. Sie bedarf der Zustimmung der Bürgerschaft. Eine weitere Ehrung ist die Bürgermeister-Stolten-Medaille, die Verdienste für die Stadt Hamburg würdigt. Sie wurde 1925 gestiftet und geht zurück auf Otto Stolten, den ersten sozialdemokratischen Bürgerschaftsabgeordneten und Zweiten Bürgermeister von 1919 bis 1925. Und seit 1926 zeichnet der Senat Bürgerinnen und Bürger für ihr langjähriges ehrenamtliches Engagement mit der „Medaille für treue Arbeit im Dienste des Volkes" aus. Der Senat ist bestrebt, Ehrungen Frauen und Männern gleichermaßen zukommen zu lassen. Auszeichnungen des Senats werden im Bürgermeistersaal (> Nr. 69) oder im Kaisersaal verliehen, die Ehrenbürgerwürde wird im Großen Saal (> Nr. 82) vergeben. Bundesverdienstorden werden u. a. im Turmsaal (> Nr. 73) verliehen.

Die Bürgerschaft verleiht keine Orden oder Medaillen, pflegt aber gemeinsam mit dem Senat Schiffspatenschaften für das Marineschulschiff „Gorch Fock" (1958), das Forschungsschiff „Atair" (1989/Neubau 2021), die Fregatte „Hamburg" (2002) und den Seenotrettungskreuzer „Hamburg" (2021). MB

Bürgermeister-Otto-Stolten-Medaille.

82 Ein Fest für 500 Gäste

Der Große Festsaal Größe darf man hier getrost wörtlich nehmen, denn mit 46 Metern Länge und 720 Quadratmetern Gesamtfläche weist der Große Festsaal außergewöhnliche Dimensionen auf. Das muss er aber auch, denn er dient zur Ausrichtung von Empfängen und Festen wie der Verleihung der Ehrenbürgerschaft (> Nr. 88), an denen oft mehrere Hundert Gäste teilnehmen. Wenn zum Beispiel jeweils im Februar die langen Tafeln für das Matthiae-Mahl (> Nr. 89) aufgestellt werden, müssen 400 bis 500 Menschen daran Platz finden. Überspannt wird der 15 Meter hohe Raum von einer reich vergoldeten Kassettendecke, an der drei große Kristall-Kronleuchter befestigt sind, die mit jeweils fast 300 Glühlampen ein festliches Licht verbreiten. Betritt man den heute mit monumentalen Wandgemälden geschmückten Saal durch die auf der nördlichen Längswand gelegenen Tür, entdeckt man vier vergoldete Karyatiden (> Nr. 83), mit denen das Portal verziert ist. Sie wurden von dem aus Bayern stammenden Bildhauer Joseph von Kramer gestaltet, der auch den Hygieia-Brunnen (> Nr. 122) im Innenhof geschaffen hat. Auf der gegenüberliegenden Seite befindet sich zwischen den Arkaden der Hofseite Balkone, auf der nach der ursprünglichen Sitzordnung bei Staatsakten die Damen der geladenen Gäste Platz zu nehmen hatten.

Nicht zufällig befindet sich der große Saal in der Mitte zwischen dem Sitzungssaal der Bürgerschaft (> Nr. 101) auf der linken und Ratsstube des Senats (> Nr. 43) auf der rechten Seite, ▶

verbindet also diese beiden Verfassungsorgane räumlich. Die breite Mitteltür auf der westlichen Querseite bot den Bürgermeistern und Senatoren den Zugang zum Saal, den sie durchquerten, um bei feierlichen Staatsakten ihre Plätze auf der gegenüberliegenden Estrade (> Nr. 86) zu erreichen. Die lederbezogenen und mit Goldprägung versehenen Sitze befindet sich auf einem erhöhten, über fünf Stufen erreichbaren Podest, in dessen Mitte sich ein Baldachin erhebt, der die Plätze der beiden Bürgermeister hervorhebt. Diese werden von einem vergoldeten und von zwei Löwen flankierten Stadtwappen bekrönt. Die Türen beiderseits der Estrade bildeten den Zugang der Bürgerschaft, deren Mitglieder dann gegenüber dem Senat ihre Plätze einnahmen. Heute wird die Senatsestrade allerdings nicht mehr benutzt.

Auf der anderen Schmalseite erhebt sich die Musikerempore (> Nr. 87), auf der zum Matthiae-Mahl das Kammerorchester der Hochschule für Musik und Theater den Abend musikalisch umrahmt.

Als das Rathaus 1897 eröffnet wurde, wirkte der Große Festsaal trotz seiner prächtigen Innenarchitektur merkwürdig unfertig. Kein Wunder, denn das heute drei Wände auf einer Fläche von insgesamt 354 Quadratmeter überziehende und aus fünf Einzelmotiven bestehende Wandbild von Hugo Vogel war noch nicht fertig, es war noch nicht einmal begonnen worden. (> Nr. 84) MG

83 Die Last der Tugenden

Karyatiden und Atlanten

An der Innenwand des Großen Festsaals lehnen rechts und links von der Tür in den Turmsaal (> Nr. 73) vier überlebensgroße Stützfiguren in der Funktion von Säulen mit dem Rücken an der Wand: zwei Karyatiden und zwei Atlanten. Die Karyatiden verkörpern dabei die vermeintlich weiblichen Tugenden „Fleiß" (mit Spinnrocken und Bienenkorb) sowie „Weisheit" (mit

Von links nach rechts: Karyatide (Weisheit)mit Eule, der Atlant (Gerechtigkeit), der Atlant (Stärke), die Karyatide (Fleiß).

einer Schriftrolle, die von einer Eule bewacht wird). Die Atlanten wiederum stehen für die vermeintlich männlichen Tugenden „Gerechtigkeit" (mit Gesetzbuch und Liktorenbündel, Holzruten umhüllen ein Beil als Symbol höchster Macht) sowie „Stärke" (im Fell eines Löwen, eine Keule in der Hand). Karyatiden sollen nach Frauen aus der Stadt Karyai im griechischen Lakonien benannt sein, die in kriegerischen Auseinandersetzungen überfallen und versklavt wurden. Insofern erinnern die Statuen an Gewalt und Zwangsarbeit. Manche hingegen sehen in ihnen versteinerte Frauen, als stumme Stütze eines Systems, das sie unterdrückt. Atlanten sind quasi Kollegen von Atlas, Sohn des Titanen Iapetos, der die Säulen des Himmelsgewölbes stützt – oder es gar selbst trägt. Das Atlasgebirge in Nordafrika etwa ist nach ihm benannt. **RB und BK**

84 Ein Hamburger kniet nicht

Bild im Großen Festsaal Die künstlerische Ausgestaltung des Großen Festsaals erwies sich von Anfang an als schwieriges Unterfangen. Ursprünglich hatten die Rathausbaukommission vorgesehen, die 354 Quadratmeter große Wandflächen mit Darstellungen aus der Hamburgischen Geschichte zu versehen, wie sie in vielen Repräsentationsbauten der Wilhelminischen Ära üblich waren. Schließlich entschied man sich jedoch gegen episodenhafte Geschichtsszenen und wollte stattdessen Epochen beispielhaft dargestellt wissen. Es sollte um „große Entwicklungsphasen" gehen, „wie sie das hamburgische Elbgelände im Laufe der Jahrtausende" erfahren habe. Nach mehren, längeren Ausschreibungsverfahren entschied sich die Rathausbaukommission 1903 für den Berliner Maler Hugo Vogel, der u. a. bereits einen Zyklus von Geschichtsbildern in der Vorhalle des Sitzungssaals des Berliner Rathauses geschaffen hatte. Vogel entwickelte das Konzept eines fünfteiligen Wandbildes, das die Idee der kulturgeschichtliche Entwicklungsphasen aufgriff und folgende Bildinhalte vorsah: 1. Eine menschenleere Urlandschaft. 2. Germanen an der Elbe. 3. Die Christianisierung der Hamburger. 4. Hafenleben zur Zeit der Hanse und 5. der moderne Hafen.

Allein schon aufgrund der enormen Fläche dieses raumbeherrschenden Bildes erforderte die Ausführung mehrere Jahre. Außerdem zeigten sich immer wieder Probleme hinsichtlich der farblichen Wirkung des Wandbildes im Zusammenhang der Raumarchitektur. Deshalb erwirkte Vogel mehrfach gravierende Veränderungen. In dem vom Richard Graul 1909 zu dem Wandgemälde veröffentlichten Buch heißt es dazu: „Die farbige Wirkung der Kassettendecke wurde durch starke Vergoldung gebrochen, der Marmor des Sockels wurde durch einen tieferen Ton (Gaillot anticvo) gestimmt, und überall, wo die Säulen und Pilaster störend

Oben: Ansgar ohne Täufling – Bildfassung nach der Entfernung des Portalüberbaus. Unten: ursprüngliche Fassung mit knieendem Täufling vor der Entfernung des Portalüberbaus 1909.

die Wände zerschnitten, wurden sie vergoldet, bis ein ruhiger, auf einen Goldton gestimmter Eindruck erreicht war.“[1] (S.42) Auch in maltechnischer und kompositorischer Hinsicht ergaben sich für Vogel Probleme. Vor allem störte ihn, dass der Aufsatz des Marmorportals, der die Friedensgöttin Eirene zeigte, das Mittelbild zum Thema Christianisierung trennte: „Durch das Portal entsteht eine Teilung des Motivs, das in seinem Zusammenhang erst die volle Bedeutung des Vordringens der Kultur zur Geltung bringt.“[2] Tatsächlich setzte der Maler durch, dass der Aufsatz schließlich entfernt wurde. Im Lauf des jahrelangen Malprozesses, der auch mehrfach zu Änderungen innerhalb der Bildkomposition führte, entstanden zwangsläufig mehrere Fassungen des mittleren Wandgemäldes.

Ein erhaltenes Foto einer frühen Fassung des Gemäldes zeigt einen Täufling, der die Knie etwas beugt. In der heute sichtbaren Fassung ist diese Figur nicht mehr zu sehen. In diesem Zusammenhang gibt es die Auffassung, dass der dargestellte missionierte kniende Heide von der Rathausbaukommission nicht gewollt gewesen sei, da kein Hamburger vor einem Bischof die Knie beugen würde. Daraufhin habe man Vogel darum gebeten, diesen zu übermalen.

Obwohl der Zwang zur Taufe durch die Anwesenheit des bewaffneten und sehr dominant dargestellten Reichsgrafen deutlich zum Ausdruck kommt, schildert Vogel die Christianisierung weniger als eine Unterwerfung, sondern eher als eine Begegnungsszene, die freilich – wie das Bild insgesamt – merkwürdig statuarisch wirkt.

Nachdem bei der am 13. Juni 1909 erfolgten „Wiedereröffnung“ des Großen Saals die dunkel-grünen Schutzvorhänge entfernt wurden, zeigten sich der Auftraggeber und die Hamburger Öffentlichkeit zufrieden. Vogel habe, sagte der Bürgermeister in seiner Ansprache, mit diesem Werk „in der Geschichte der Monumentalmalerei ein neues Blatt“ eröffnet. Aber es gab auch Kritik sowohl an der Themensetzung als auch an der künstlerischen Ausführung. So bezeichnete der Hamburger Kunsthistoriker und Kulturwissenschaftler Aby Warburg das Monumentalbild als „lebensgroß gemimte Heimatkunde“. MG

85 Zeitenwende im Hamburger Hafen

Ein Monumentalgemälde und ein Streik Im Großen Festsaal, dem architektonischen und repräsentativen Zentrum des Hamburger Rathauses, schmückt ein monumentales Gemälde die südliche Stirnseite des Raumes. Der Berliner Künstler Hugo Vogel schuf dieses Bild als Abschluss eines Zyklus zur Geschichte Hamburgs, zu dem noch drei weitere Gemälde gehören. (> Nr. 84) Während der Rathausbau 1897 eingeweiht werden konnte, wurden die Gemälde erst zwölf Jahre später fertig. Am 13. Juni 1909 lud der Senat zur „Wiedereröffnung" ein. Das Bild des Hafens zeigt ein Schwimmdock und eine Helling der Werft Blohm & Voss in panoramatischem Querformat und in starker, die Monumentalität betonender Untersicht.

Der Ausschnitt ist nicht zufällig gewählt. Er konzentriert den Blick auf die technischen Errungenschaften des späten 19. und frühen 20. Jahrhunderts, die den vorläufigen Abschluss eines jahrzehntelangen Erweiterungs- und Modernisierungsprozesses repräsentieren. Über Jahrhunderte hinweg war der Hafen Mittelpunkt des wirtschaftlichen Lebens in Hamburg. Die Globalisierung des Handels im 19. Jahrhundert führte dazu, dass der Überseehandel stark zunahm. Immer mehr und größere Schiffe liefen Hamburg an, immer größere Mengen an Handelsgütern wurden umgeschlagen. Mitte des 19. Jahrhunderts waren die Kapazitäten des Hafens erschöpft. Seit 1845 wurden Konzepte für eine Hafenerweiterung entwickelt, die über Jahrzehnte hinweg umgesetzt wurden. Dazu gehörten der Bau von Kaianlagen mit Kränen und Eisenbahnanbindung sowie die Errichtung eines künstlichen Hafenbeckens auf dem Großen Grasbrook. Blohm & Voss, 1877 gegründet, machte die Stadt zu einem wichtigen Standort für den Bau moderner Dampfschiffe. 1909 kam mit der Vulcan-Werft

die zweite Hamburger Großwerft hinzu.

Ein weiterer wichtiger Einschnitt war der Zollanschluss Hamburgs ans Deutsche Reich im Jahr 1888. Als Ausgleich wurde der Stadt im Freihafenvertrag von 1881 ein abgegrenzter Freihafenbezirk zugesprochen, in dem weiterhin Waren zollfrei gelagert werden sollten: die Speicherstadt, die ab 1883 auf den Kehrwieder-Wandrahm-Inseln erbaut wurde. Durch den Abriss des Wohnviertels, das sich hier zuvor befunden hatte, verloren ungefähr 20 000 Menschen ihre Wohnungen.

War das Rathaus der neu geschaffene Mittelpunkt des politischen Lebens, galt der Hafen trotz fortgeschrittener Industrialisierung nach wie vor als das wirtschaftliche Zentrum. Das Gemälde von Hugo Vogel ist eine Apotheose der modernen, leistungsfähigen Hafen- und Handelsmetropole und zugleich das Zeugnis einer technik- und fortschrittsgläubigen Epoche.

Was das Bild nicht erzählt, sind die sozialen Verwerfungen, die damit verbunden waren. Höhepunkt der sozialen Konflikte, der kurz vor der Einweihung des neuen Rathauses überregional und international großes Aufsehen erregte, war der Hamburger Hafenarbeiterstreik von 1896/97.

Der Streik dauerte vom 21. November 1896 bis zum 6. Februar 1897 und war der größte Arbeitskampf, den Hamburg bis zu diesem Zeitpunkt erlebt hatte. Rund 17 000 Hafenarbeiter und Seeleute legten elf Wochen lang die Arbeit nieder, um Lohnerhöhungen und eine Arbeitszeitverkürzung auf täglich zwölf Stunden durchzusetzen. In der Bevölkerung fanden die Streikenden breite Unterstützung und erhielten große Summen an Spenden aus dem In- und Ausland. Zugleich trafen sie auf den erbitterten Widerstand der effektiv organisierten Hafenunternehmer. Am Ende wurde der Streik im Februar 1897 abgebrochen, ohne dass die Forderungen der Arbeiter erfüllt worden wären. Für die Arbeiterbewegung hatte er dennoch positive Signalwirkung. Er trug zur Politisierung bei und führte langfristig zu einer Reihe von Reformen. DB

86 Macht-demonstration

Die Senatsestrade Obwohl der Große Festsaal den gemeinsamen Versammlungen von Senat und Bürgerschaft dienen sollte, „wurde dem Senat, weil er den Staat nach außen vertreten sollte, eine größere Pracht zugestanden […]“[1]. Deshalb gibt es an der Wand zur Bürgerschaftsseite ein kunstvoll geschnitztes Eichengestühl: die Senatsestrade. Sie ist mit Hamburger Wappen (> Nr. 11), Engelsköpfen, Akanthusblatt-Ornamenten und weiteren Schmuckelementen verziert.

Die Estrade ist fest installiert und „eine Stufe höher als die – nur bei Bedarf aufgestellte – des Bürgerschaftspräsidiums“[2]. Sie war in früheren Zeiten den Mitgliedern des Senats (> Nr. 43, Nr. 58) vorbehalten, die dort bei feierlichen Anlässen auf mit Leder überzogenen und zu einem breiten „U“ angeordneten Sitzen Platz nahmen. Die beiden Bürgermeistersitze befinden sich wie in der Ratsstube (> Nr. 43, Nr. 44, Nr. 46) unter einem Baldachin.

Von der Estrade aus konnten Senatoren und Bürgermeister in den Saal herabblicken. Neben der Estrade führen zwei Türen in den Vorsaal der Bürgerschaft (> Nr. 92). Einst Symbol der Macht des Senats, dient die Estrade heute nur noch zur Dekoration. RB

87 Lieben Sie Brahms?

Musikerempore Den besten Überblick hatten die Damen und Herren des Hamburger Kirchenchores, die auf der Musikerempore standen und den ganzen Saal überblickten: Bei der feierlichen Rathauseinweihung am Mittag des 26. Oktober 1897 konnten sie beobachten, wie die Herren Senatoren und Bürgerschaftsabgeordneten den Saal betraten, in dem sich eine reine Männergesellschaft versammelt hatte: Dort saßen 530 Honoratioren, während die 120 geladenen Damen oben auf den Balkonen Platz genommen hatten (> Nr. 66). Links unterhalb der durch den Chor belegten Musikerempore saßen die Orchestermitglieder des Vereins der Hamburger Musikfreunde. Schließlich gab Kapellmeister Julius Laube (1841–1910) den Einsatz, worauf der Saal von den Klängen der „Fest- und Gedenksprüche“ von Johannes Brahms (1833–1897) erfüllt wurde.

Lieben Sie Brahms? 1897 hätten die hiesigen Honoratioren diese Frage wohl vorbehaltlos bejaht, auch wenn das Verhältnis zwischen Johannes Brahms und seiner Geburtsstadt Hamburg noch ein paar Jahre zuvor ziemlich kompliziert gewesen war. Lange Zeit hatte sich der Komponist nicht ausreichend gewürdigt gefühlt. Erst als die Hansestadt ihrem längst in Wien lebenden berühmtesten Sohn 1889 die Ehrenbürgerschaft (> Nr. 88) verlieh, war die Sache bereinigt. Brahms revanchierte sich mit ebenjenen „Fest- und Gedenksprüchen“ (Opus 109), die am 9. September 1889 zur Verleihung der Ehrenbürgerwürde in Hamburg zur Uraufführung kamen. Und da inzwischen keiner der Senatoren und Abgeordneten mehr daran zweifelte, dass es sich bei Brahms um den berühmtesten Sohn der Hansestadt handelt, lag es auf der Hand, dass auch zur festlichen Rathauseinweihung dieser Zyklus von drei Motetten für gemischten Chor erklingen musste. Gewidmet hatte Brahms diese Komposition, deren textliche Grundlage Psalmverse, Zitate aus dem Lukas- und Matthäusevangelium und aus dem Deuteronomium bilden, Hamburgs Erstem Bürgermeister Carl Friedrich Petersen (1809–1892; > Nr. 44, Nr. 77). Persönlich beiwohnen konnte der Ehrenbürger der Rathauseinweihung nicht mehr, da er etwa ein halbes Jahr zuvor in Wien gestorben war. Wäre er dabei gewesen, hätte er nicht nur seiner Musik lauschen, sondern auch mit Befriedigung registrieren können, dass man ihn in das „hanseatische Walhalla“ in der Rathausdiele (> Nr. 28) aufgenommen hatte, wo sein Porträtmedaillon einen der Säulenschäfte (> Nr. 28) ziert. MG

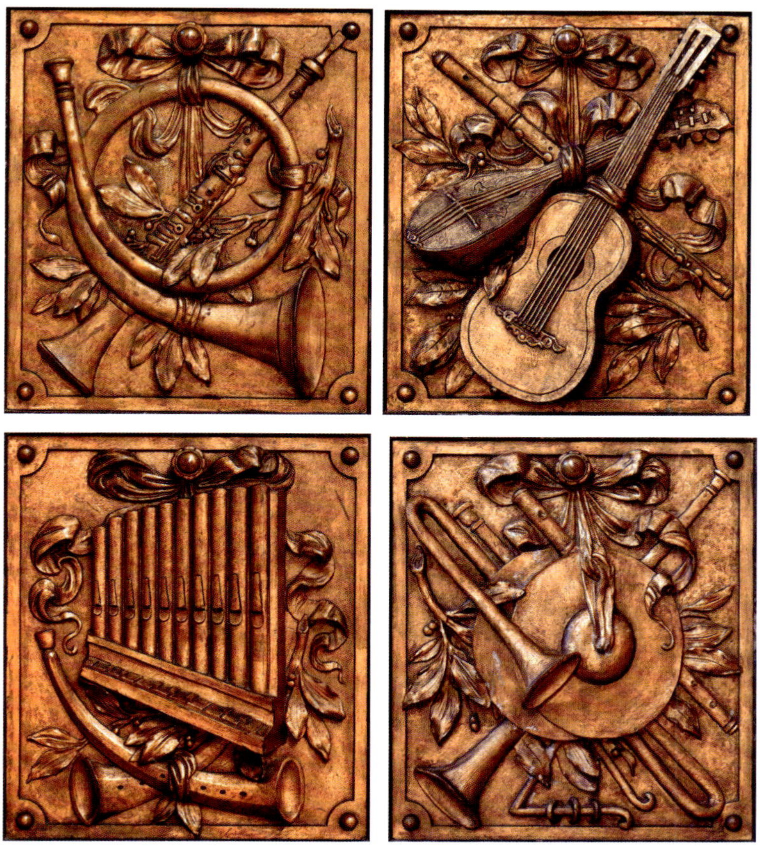

Acht Säulen aus schwarzem und gelbem Marmor, darüber die hölzerne Musikerempore. An der Wand dahinter der Zugang zur Empore: eine übermalte Tapetentür. Rechts: geschnitzte Details an der Empore.

88 Hamburgs höchste Auszeichnung

Ehrenbürgerschaft Die höchste Auszeichnung, die Hamburg zu vergeben hat, ist die Ehrenbürgerschaft. Entsprechend sparsam geht der Senat, der sie gemeinsam mit der Bürgerschaft verleiht, damit um: Seit 1813, also in fast 210 Jahren, wurden lediglich 37 Ehrenbürgerwürden verliehen. Ursprünglich durfte die Auszeichnung nur an Nicht-Hamburgerinnen und -Hamburger vergeben werden. Erst seit 1948, als Senator a. D. Henry Everling für seine „Verdienste um das Gemeinwohl (Genossenschaftswesen)" mit dem Ehrenbürgerrecht geehrt wurde, können auch Hamburgerinnen und Hamburger die Auszeichnung erhalten – wenn ihre Verdienste über den Rahmen Hamburgs hinausgehen.

Die Ernennung zum Ehrenbürger oder zur Ehrenbürgerin zieht nicht selten Diskussionen nach sich. Das fängt mit dem allerersten Ehrenbürger Friedrich Karl Freiherr von Tettenborn (1778–1845) an, der Hamburg im März 1813 als Oberstleutnant der russischen Armee für wenige Monate von französischer Fremdherrschaft befreit hatte. Später aber soll er sich weniger um die Verteidigung Hamburgs gekümmert haben als um seine eigene Ernennung zum Ehrenbürger – er selbst hatte die Verleihung der Auszeichnung, verbunden mit einem großzügigen Geldgeschenk, veranlasst. [1]

Kaum umstritten ist die Ernennung des Bremer Bürgermeisters Johann Smidt (1773–1857) zum Ehrenbürger im Jahr 1843 – dabei gäbe es auch dazu Anlass. Gewürdigt wurde zwar Smidts fraglos großzügige Unterstützung Hamburgs nach dem Großen Brand von 1842 (> Nr. 60). Die Freie Hansestadt Bremen schickte Zimmerleute zum Wiederaufbau und spendete hohe Geldsummen, teilweise verbunden mit außergewöhnlichen solidarischen Gesten. So verzichteten die Zigarrenarbeiter Bremens auf einen Tageslohn zugunsten Hamburgs. [2] Allerdings war Smidt ein entschiedener Antidemokrat und glühender Antisemit. Während seiner Zeit im Amt wurden die Juden in Bremen vielfach in ihren Rechten eingeschränkt und verfolgt.[3]

Zu Hamburgs umstrittensten Ehrenbürgern gehört Generalfeldmarschall Alfred Ludwig Heinrich Karl Graf von Waldersee (1832–1904), der 1901 für seine Tätigkeit „im Interesse der Erhaltung des Weltfriedens" geehrt wurde. Hinter dieser vagen Formulierung verbergen sich die „Verdienste" Waldersees bei der blutigen Niederschlagung des Boxeraufstandes in China. Versuche, ihm die Ehrenbürgerschaft wieder abzuerkennen, sind bislang gescheitert.

Auch Paul von Hindenburgs (> Nr. 59) Ehrenbürgerschaft wird immer wieder infrage gestellt. Als letzter Reichspräsident der Weimarer Republik verhalf er Adolf Hitler an die Macht. Auch in seinem Fall waren Versuche, den Titel abzuerkennen, bislang erfolglos. Ganz anders verhielt es sich im Falle von Adolf Hitler und Reichswirtschaftsminister Hermann Göring: Die Ehrenbürgertitel beider – während der NS-Zeit verliehen – wurden 1945 durch Bürgermeister Rudolf Petersen (> Nr. 55) wieder aberkannt.

Vor dem Hintergrund der Debatten um manch umstrittenen Ehrenbürger hat die Senatskanzlei der Forschungsstelle

1991: Loki Schmidt gratuliert Alfred Toepfer zur Ehrenbürgerwürde, die er zusammen mit Kurt A. Körber (rechts) erhielt.

Oben: Friedrich Karl von Tettenborn. Der badische Politiker erhielt als erster die Ehrenbürgerwürde. Unten: Graf von Waldersee, Ehrenbürger seit 1901.

.eines Bild: Als erster Hamburger erhielt Henry Everling 1948 das ırenbürgerrecht. Es folgten einige bekannte Gesichter, wie etwa Helmut :hmidt 1983 (rechts) oder Uwe Seeler 2003 (unten).

für Zeitgeschichte in Hamburg (FZH) im April 2014 den Auftrag erteilt, eine wissenschaftliche Expertise zu erstellen. Das 199 Seiten lange Papier rekonstruiert und dokumentiert die Vergabe von Ehrenbürgerschaften mit ihren historischen Kontexten und trägt so zu einem umfassenden Verständnis der Geschichte der Ehrenbürgerwürde bei. [4)]

Zu den Ehrenbürgern der jüngeren demokratischen Geschichte Hamburgs gehört Henry Everling, der die Auszeichnung als Erster nach der Befreiung vom Nationalsozialismus erhielt. Der Geschäftsführer der „Großeinkaufs-Gesellschaft deutscher Consumvereine mbH" war durch sein Engagement für das Genossenschaftswesen hervorgetreten. Everling erhielt 1948 die Ehrenbürgerwürde nach einstimmigem Beschluss für seine „großen Verdienste um das Gemeinwohl".

Nicht ganz so einig waren die Abgeordneten sich 35 Jahre später, bei der Ernennung von Bundeskanzler a. D. Helmut Schmidt. Als „Vater" des NATO-Doppelbeschlusses und Befürworter der Atomenergienutzung war der vor allem bei den Grünen unbeliebt. Schließlich votierte die Bürgerschaft 1983, wenn auch nicht einstimmig, so doch mit großer Mehrheit, für Helmut Schmidt. Die Presse hob dessen Leistungen bei der Bewältigung der Flutkatastrophe 1962 besonders hervor.

Einigkeit demonstrierten die Abgeordneten hingegen 2003 bei der Verleihung der Ehrenbürgerschaft an den Fußballer Uwe Seeler, die die Auszeichnung als erster Sportler überhaupt in Empfang nahm. Auch als 2009 Loki Schmidt für ihr „Engagement für die Natur" zur Ehrenbürgerin ernannt werden sollte, votierte die Bürgerschaft einstimmig.

Die Namen stehen exemplarisch für einen Trend bei Ehrenbürger-Auswahl, den Dr. Josef Schmid, Verfasser der genannten Expertise, offenlegt: „Nachdem zunächst nach 1945 ausschließlich Sozialdemokraten und vorrangig Politiker in den Genuss des Ehrenbürgerrechts gekommen waren, erweiterte sich die Auswahl ab Mitte der 1980er Jahre auf verschiedene gesellschaftliche Betätigungsfelder."[5] Mit Folgen für die Abstimmungsergebnisse, wie Schmid ergänzt: „Breite Zustimmung fanden besonders Auszeichnungen für Repräsentanten aus dem kulturellen Bereich. Die Ehrung von Politikern und Unternehmern führte dagegen regelmäßig zu Dissonanzen." [6]

Übrigens: Ab der Ernennung von Friedrich Karl Freiherr von Tettenborn dauerte es 162 Jahre, bis die erste Frau die Ehrenbürgerschaft Hamburgs erhielt, nämlich 1985 die österreichisch-deutsche Schauspielerin, Regisseurin, Theaterintendantin Ida Ehre. Die 1900 in Mahren geborene Ehre war eine der bekanntesten Theaterregisseurinnen der Weimarer Republik, bevor die Nationalsozialisten ih-˜ als Jüdin Berufsverbot erteilten und sie zeitweise im KZ Hamburg-Fuhlsbüttel internierten. Vermutlich weil sie in einer „Mischehe" mit einem nicht jüdischen Ehemann lebte, wurde sie nicht deportiert und ermordet.

Der Ballett-Choreograph John Neumeier (auf dem linken Foto rechts) zählt seit 2007 genauso zu den Hamburger Ehrenbürgern wie das Unternehmerpaar Helmut unc Hannelore Greve. Sie erhielten ihre Auszeichnung bereits 2005.

Loki Schmidt (links) umarmt die erste Ehrenbürgerin Hamburgs Ida Ehre. 2009 wurde Loki Schmdit selbst mit der Ehrenbürgerwürde ausgezeichnet.

Nach Kriegsende übertrug ihr die britische Militärregierung die Leitung der Hamburger Kammerspiele, die bereits im Dezember 1945 wieder eröffneten.

Nach Ida Ehre wurden mit der Journalistin Marion Gräfin Dönhoff (1999), der Unternehmerin und Stifterin Hannelore Greve, (2005, gemeinsam mit ihrem Ehemann, dem Unternehmer und Stifter Helmut Greve), der Naturschützerin Loki Schmidt (2009) und der Schriftstellerin Kirsten Boie (2019) vier weitere Frauen mit dem Titel ausgezeichnet. MB

Marion Gräfin Dönhoff wurde die Ehrenbürgerwürde 1999 verliehen.

EHRENBÜRGERINNEN UND EHRENBÜRGER DER FREIEN UND HANSESTADT HAMBURG

1. **Friedrich Karl Freiherr von Tettenborn** (*1778; † 1845)
   - Kaiserlich russischer Oberst; Minister am Hofe zu Wien
   - Verleihung 1813 für die Befreiung Hamburgs von Napoleon Bonaparte
2. **Gebhard Leberecht Fürst von Blücher** (*1742; † 1819)
   - Königlich preußischer General-Feldmarschall a. D.
   - Verleihung 1816 für seinen maßgeblichen Anteil am Sieg in der Schlacht bei Waterloo 1815
3. **August Otto Graf von Grote** (*1747; † 1830)
   - Königlich preußischer Geheimer Rat; Minister bei den freien und Hansestädten zu Hamburg
   - Verleihung 1826 auf Empfehlung von Legationsrat Büscher anlässlich Grotes 50-jährigen Dienstjubiläums in Hamburg
4. **Dr. James Colquhoun** (*1780; † 1855)
   - Hanseatischer General-Konsul in London; Stallhofmeister
   - Verleihung 1834 auf Empfehlung von Dr. August Abendroth „im Hinblick auf besondere Verdienste"
5. **Georg Michael Gramlich** (*1795; † 1880)
   - Kaufmann; Hamburger Geschäftsträger bei der Republik Venezuela
   - Verleihung 1838 für die Aushandlung eines Handelsvertrages zwischen Hamburg und Venezuela
6. **Conrad Daniel Graf von Blücher-Altona** (*1764; † 1845)
   - Königlich dänischer Geheimer Conferenzrat; Oberpräsident der Stadt Altona
   - Verleihung 1843 als Anerkennung der besonderen Hilfe nach dem Hamburger Brand 1842
7. **Eduard Heinrich Flottwell** (*1786; † 1865)
   - Königlich preußischer Wirklicher Geheimer Rat; Oberpräsident der Provinz Sachsen zu Magdeburg
   - Verleihung 1843 als Anerkennung der besonderen Hilfe nach dem Hamburger Brand 1842
8. **Johann Smidt** (*1773; † 1857)
   - Bürgermeister der Freien Hansestadt Bremen
   - Verleihung 1843 als Anerkennung der besonderen Hilfe nach dem Hamburger Brand 1842
9. **Heinrich Christoph Gottfried von Struve** (*1772; † 1851)
   - Kaiserlich-russischer Geheimer Rat; Minister bei den freien und Hansestädten
   - Verleihung 1843 anlässlich des 50-jährigen Dienstjubiläums
10. **Otto Fürst von Bismarck** (*1815; † 1898)
    - Deutscher Reichskanzler
    - Verleihung 1871 anlässlich der Gründung des Deutschen Reichs
11. **Helmuth Graf von Moltke** (*1800; † 1891)
    - Preußischer General; Königlich-preußischer General-Feldmarschall
    - Verleihung 1871 anlässlich der Siege in den deutschen Einigungskriegen
12. **Gustav Christian Schwabe** (*1813; † 1897)
    - Kaufmann in London
    - Verleihung 1886, schenkte der Hamburger Kunsthalle 128 Gemälde aus seinem Besitz
13. **Dr. phil. h. c. Johannes Brahms** (*1833; † 1897)
    - Komponist
    - Verleihung 1889, hat „durch hervorragende Werke seiner Vaterstadt Ehre und Ruhm bereitet"

EHRENBÜRGERINNEN UND EHRENBÜRGER DER FREIEN UND HANSESTADT HAMBURG

14. **Alfred Graf von Waldersee** (*1832; † 1904)
    - Königlich preußischer General-Feldmarschall
    - Verleihung 1901 anlässlich seiner „Tätigkeit im Interesse der Erhaltung des Weltfriedens"
15. **Paul von Hindenburg** (*1847; † 1934)
    - Königlich preußischer General-Feldmarschall; Reichspräsident
    - Verleihung 1917 zum 70. Geburtstag „in dankbarer Verehrung des siegreichen und ruhmgekrönten Feldherrn und in bewundernder Anerkennung dessen, was er Großes geleistet hat und noch täglich leistet"
16. **Dr. h.c. Henry Everling** (*1873; † 1960)
    - Senator a.D.
    - Verleihung 1948 für die Verdienste um das Gemeinwohl
17. **Adolph Schönfelder** (*1875; † 1966)
    - Mitglied der Hamburgischen Bürgerschaft (SPD) 1919–1933 und 1945–1961. Hamburger Senator 1926–1933 und Bürgerschaftspräsident 1946–1960
    - Verleihung 1950 für die Verdienste um das Gemeinwohl und die Zusammenarbeit zwischen Regierung und Opposition
18. **Max Brauer** (*1887; † 1973)
    - Erster Bürgermeister 1946–1953 und 1957–1960
    - Verleihung 1960 für die Verdienste um das Gemeinwohl
19. **Dr. Herbert Weichmann** (*1896; † 1983)
    - Erster Bürgermeister 1965–1971
    - Verleihung 1971 für die Verdienste um das Gemeinwohl
20. **Herbert Dau** (*1911; † 2000)
    - Präsident der Hamburger Bürgerschaft
    - Verleihung 1978 für die Verdienste um das Gemeinwohl
21. **Helmut Schmidt** (* 1918; † 2015)
    - Hamburger Innensenator 1961–1965, Bundeskanzler 1974–1982
    - Verleihung 1983 für seine „großen staatsmännischen Verdienste um das Gemeinwohl Hamburgs"
22. **Prof. Ida Ehre** (*1900; † 1989)
    - Schauspielerin, Regisseurin und Theaterleiterin
    - Verleihung 1985 für „herausragende Verdienste um den geistigen und kulturellen Wiederaufbau unseres Landes und der Stadt Hamburg"
23. **Dr. Gerd Bucerius** (*1906; † 1995)
    - Publizist
    - Verleihung 1986: „Hat die Mediengeschichte geprägt und sich um unser Land und um unsere Stadt Hamburg verdient gemacht"
24. **Dr. h.c. Herbert Wehner** (*1906; † 1990)
    - Mitglied des Bundestages 1949–1983, Bundesminister 1966–1969, 1969–1983 SPD-Fraktionsvorsitzender
    - Verleihung 1986: „Hat sich um den Wiederaufbau unseres Landes und unserer Stadt Hamburg verdient gemacht"
25. **Dr. h.c. Kurt A. Körber** (*1909; † 1992)
    - Unternehmer, Stifter
    - Verleihung 1991 für „Herausragende Verdienste um die Bundesrepublik Deutschland, den Wiederaufbau Hamburgs und die Förderung von Wissenschaft und Kultur"
26. **Dr. h.c. Alfred Toepfer** (*1894; † 1993)
    - Unternehmer, Stifter
    - Verleihung 1991 für „Herausragende Verdienste um die Bundesrepublik Deutschland, den Wiederaufbau Hamburgs und die Förderung von Wissenschaft und Kultur"
27. **Dr. h.c. Rudolf Augstein** (*1923; † 2002)
    - Journalist, Publizist
    - Verleihung 1993 für „Herausragende Verdienste um Hamburg als Medienmetropole der Bundesrepublik Deutschland"
28. **Prof. Dr. Marion Gräfin Dönhoff** (*1909; † 2002)
    - Journalistin, Publizistin
    - Verleihung 1999 für „Außerordentliche Verdienste um Freiheit, Gerechtigkeit und Menschenrechte"
29. **Dr. h.c. Siegfried Lenz** (*1926; † 2014)
    - Schriftsteller
    - Verleihung 2001: „Hat mit seinem literarischen Werk zur Erneuerung und Anerkennung Deutschlands im Geiste des Humanismus beigetragen"
30. **Uwe Seeler** (*1936; † 2022)
    - Fußballspieler
    - Verleihung 2003: Vorbildlicher sportlicher Repräsentant Hamburgs mit großem ehrenamtlichem und karitativem Engagement
31. **Prof. Dr. Helmut Greve** (*1922; † 2016) und
32. **Prof. Dr. h.c. Hannelore Greve** (*1926)
    - Unternehmer/Unternehmerin und Stifter/Stifterin
    - Verleihung 2005 für „herausragendes Mäzenatentum" in Kultur und Wissenschaft und vorbildliches soziales Engagement
33. **Prof. John Neumeier** (*1939)
    - Ballett-Choreograph, Intendant
    - Verleihung 2007 für herausragende Verdienste, die ihn zu einem „Kulturbotschafter Hamburgs und darüber hinaus der Bundesrepublik Deutschland" werden ließen
34. **Prof. Hannelore „Loki" Schmidt** (*1919; † 2010)
    - Pädagogin, Naturschützerin
    - Verleihung 2009 für „ihre herausragenden Verdienste um den Naturschutz"
35. **Prof. Dr. Michael Otto** (*1943)
    - Unternehmer
    - Verleihung 2013 für hervorragende Verdienste für die „Kultur, Bildung, Umwelt und im sozialen Bereich"
36. **Dr. Kirsten Boie** (*1950)
    - Schriftstellerin, Literaturwissenschaftlerin
    - Verleihung 2019 in Anerkennung ihres Wirkens und aufgrund ihres langjährigen Engagements für die Stadt Hamburg[7)]
37. **Udo Lindenberg** (* 1946)
    - Musiker
    - Verleihung am 7.9.2022 in Anerkennung seiner künstlerischen Verdienste, seines Einsatzes für Frieden und Umweltschutz, seiner Bemühungen um das innerdeutsche Verhältnis und der Arbeit der Udo-Lindenberg-Stiftung

Im Uhrzeigersinn: Zu den Ehrenbürgerinnen und Ehrenbürgern Hamburgs zählen auch Michael Otto (2013, ganz links), Siegfried Lenz (2001, ganz rechts) und Kirsten Boie (2019, in der Mitte).

Im September 2022 wurde Udo Lindenberg mit der Ehrenbürgerwürde bedacht.

89 Das älteste Festmahl der Welt

Das Matthiae-Mahl Bis heute ist das Matthiae-Mahl, das erstmals 1356 zelebriert wurde, das älteste Festmahl der Welt. Jedes Jahr kommen dafür rund 400 geladene Gäste im Großen Festsaal zusammen. Der Termin des historischen Ehrenmahls, von Jahr zu Jahr neu vergeben, findet stets rund um den 24. Februar statt, den Tag des Heiligen Matthias. Zugleich markiert der Tag den mittelalterlichen Frühlingsanfang – und somit den Saisonstart der Kaufleute. Für die Senatoren, die mehrheitlich Kaufleute waren, begann zudem das neue Politikgeschäftsjahr. Die Aufgaben wurden neu verteilt, und der Bürgermeister wurde gewählt.

Für Hamburg, dessen Wohlergehen schon immer vom Handel abhing, ist das Matthiae-Mahl seit jeher von immenser Bedeutung, diente es doch dazu, die Beziehungen zu politischen und wirtschaftlichen Partnern zu stärken. Ab 1724 fiel es für rund 230 Jahre aus (die Gründe dafür liegen weitgehend im Dunkeln). Seit 1956 jedoch wird der Brauch, die „Vertreter der Hamburg freundlich gesonnenen Mächte“ einzuladen, wieder gepflegt. Das Fest soll einer historischen Anordnung zufolge je-

Der Große Festsaal ist für rund 400 Gäste eingedeckt.

doch nur stattfinden, „wenn die Zeitläufte es erlauben". Und so fiel es 1999 aus, als das Rathaus renoviert wurde, und 2021 und 2022 wegen der Corona-Pandemie (lediglich die Reden wurden im Rahmen eines Online-Events übertragen).

Auf der Gästeliste stehen jedes Jahr Politiker und Politikerinnen, Diplomaten und Diplomatinnen, das gesamte konsularische Korps der Hansestadt, alle noch lebenden Altbürgermeister, Ehrenbürgerinnen und -bürger sowie weitere bedeutende Persönlichkeiten. Zudem sind je ein deutscher und ein ausländischer Ehrengast eingeladen, die auch Reden halten und sich ins Goldene Buch (> Nr. 59) eintragen. Manchmal geht es dabei auch um handfeste politische Interessen: 2016 etwa waren der britische Premier David Cameron und Bundeskanzlerin Angela Merkel die Ehrengäste. Die Botschaft, die von diesem Abend ausging: Großbritannien gehört in die EU. Bekanntermaßen stimmten die Britinnen und Briten nur wenige Monate später dennoch mehrheitlich für den Brexit.

Die Gäste des Matthiae-Mahls nehmen an langen, reich geschmückten Tafeln Platz, die

mit Besteck aus dem Silberschatz des Rathauses (> Nr. 91) gedeckt sind. Rund 120 Kellnerinnen und Kellner servieren den Abend über ein exquisites Vier-Gänge-Menü. Die Kosten für dieses medienwirksame Mahl liegen bei rund 100 000 Euro, inklusive Blumenschmuck, Fahrdiensten, Dolmetschenden und Personal.

Frauen werden erst seit 1622 zum Matthiae-Mahl eingeladen. Über lange Zeit wurden sie in einem Nebenraum bewirtet und mussten warten, „bis sich die Herren ihrer bedienten". Noch bis vor 35 Jahren wurden Paare nur eingeladen, wenn sie verheiratet waren. Einladungen an homosexuelle Lebensgefährtinnen oder Lebensgefährten ergingen nicht.

Der Angriff Russlands auf die Ukraine am 24. Februar 2022 markiert eine Zeitenwende – auch für das Matthiae-Mahl. Denn ab sofort und in Zukunft wird das Fest, das im Geiste des Friedens steht, untrennbar mit dem Beginn dieses Kriegs verbunden sein. **RB und MB**

Bürgerschaftssitzung im Großen Festsaal.

90 Die Bürgerschaft in Pandemie-Zeiten

Coronna-Pandemie Die Corona-Pandemie veränderte auch die Arbeitsbedingungen der Bürgerschaft von einem Tag auf den anderen. Nach der konstituierenden Sitzung der 22. Wahlperiode am 18. März 2020 zog das Landesparlament vom Plenarsaal in den Großen Festsaal des Rathauses um. Bis zum 11. Mai 2022 tagte die Bürgerschaft hier.

Vor den alle zwei Wochen stattfindenden Bürgerschaftssitzungen wurden jeweils Vorkehrungen getroffen. So wurde der Saal mit rund 120 Plexiglaswänden ausgestattet, die die Teilnehmenden voneinander trennten. Die Abgeordneten trugen Schutzmasken und hielten Abstand. Zudem haben sich fast alle Fraktionen darauf verständigt, in reduzierter Personenzahl zu tagen. Bürgerinnen und Bürger konnten die Sitzungen per Livestream verfolgen, der Zugang zum Rathaus war nur eingeschränkt möglich. **MB**

91 Tauschobjekte

Silberschatz Es ist gute Sitte in einer ehrwürdigen Hansestadt wie Hamburg, mit seinen Schätzen nicht zu protzen. Deshalb halten Senat und Bürgerschaft ein besonderes Juwel unter Verschluss: den prunkvollen Silberschatz, Gefäße, Schalen, Kandelaber und Tafelaufsätze, die damals üblicherweise männliche Hamburger Bürger dem Senat gestiftet haben. Unikate besonderer Goldschmiedekunst, einzigartig – bis 1904, als König Edward VII. von Großbritannien und Irland der Hansestadt einen Besuch abstattete (> S. 28). Zwei mit Motiven von Alster und Elbe reich verzierte Deckelkannen des Goldschmieds Alexander Schönauer hatten es der Majestät so angetan, dass der Senat sie ihm einfach schenken musste.

Doch die Lücke im Silberschatz schmerzte, und so wurden flugs zwei Duplikate angefertigt. Aber auch der britische Monarch zeigte sich generös. Er schickte einen von Robert Garrard in London erschaffenen Deckelpokal in die Hansestadt. An diesem Stück ist nicht nur die Geschichte besonders. Der Edward-Pokal von 1861 wurde in Silber gegossen und vergoldet. Schon das macht ihn im Silberschatz so besonders. Er ist mit Diamanten, Amethysten, Granaten und Türkisen verziert, Widmung und Monogramm des Königs und das königlich englische Wappen machen den 65,5 Zentimeter hohen Pokal zu einem besonders wertvollen Unikat.

Zu betrachten ist er nur bei besonderen Anlässen und von ausgewählten Gästen. Das Prunkstück steht mit vielen anderen großen und kleinen Preziosen in einem gepanzerten Raum hinter Sicherheitsglas. All die edlen Gaben, die hier lagern, liefern die schönsten Geschichten. Die von einem Springbrunnen in einem Tafelaufsatz etwa – ein Geschenk des Reeders Carl Ferdinand Laeisz von 1901. Unglücklicherweise setzte der Springbrunnen eines Tages den fein gedeckten Tisch unter Wasser, und so wurde der Motor des Brunnens kurzerhand demontiert. Das war dem Senat dann doch ein zu feuchtes Vergnügen. Und manche, besonders zierliche Dinge wie zwei von einer Seejungfrau gehaltene Schälchen für Salz und Pfeffer bleiben auch bei feinsten Essen unter Verschluss. Man will ja niemanden in Versuchung führen. SVB

Blick in den Vorsaal der Bürgerschaft, rechts im Bild die Garderobe. Die reich verzierte Tür im Hintergrund führt in den Flur zum Plenarsaal (> Nr. 101), die Glastür rechts hinten zum Treppenhaus (> Nr. 114).

7.
RÄUME DER BÜRGERSCHAFT

Der Grundriss (> S. 120) des Hauptgeschosses zeigt es: Die Bürgerschaftsseite ist von den Quadratmetern genauso groß wie die Senatsseite. Die beiden „Flügel“ werden vom Großen Festsaal gleichsam getrennt und verbunden. Genau wie auf der Senatsseite führt ein prächtiges Treppenhaus zu den Räumen der Bürgerschaft. Im Zentrum liegt der Plenarsaal.

92 Das Parlaments-Vestibül

Hafenbild und Büste Den Plenarsaal (> Nr. 101) erreicht man auch durch die Lobby, ein aufwendig gestalteter Vorsaal, der den Geist des Rathauses atmet. Dort sind auch die Garderoben. An Mobiliar befinden sich entlang der Wände des fast quadratischen Raums gepolsterte Holzbänke und ein Eichentisch (> Nr. 93). Ein großes Hafengemälde von Carl Rodeck (1841–1909) umrahmt den Eingang zum Flur, der weiter in den Plenarsaal führt, durch den hölzernen Türrahmen wird das Bild in der Mitte geteilt: links der Elbstrom nahe am Ufer mit kleinen Schleppern und Kuttern, rechts ein weiträumiges Hafenbecken mit großen Segelschiffen und Überseedampfern.

An der Wand gegenüber dem Hafengemälde erinnert ein weiteres Bild an den Ort, an dem die Abgeordneten nach dem Großen Brand von 1842 (> Nr. 60) und vor dem Bau des neuen Rathauses zusammenkamen: das Gebäude der Patriotischen Gesellschaft (> Nr. 94). Eine Marmorbüste würdigt den Richter Hermann Baumeister (1806–1877), der über viele Jahre das Amt des Bürgerschaftspräsidenten

Blick durch eine der Türen des Vorsaals in den Plenarsaal auf die Präsidiumsbank.

Büste des Bürgerschaftspräsidenten Hermann Baumeister (1806-1877).

innehatte – von Dezember 1863 bis 1865, von Januar 1868 bis Juni 1869 sowie von Dezember 1869 bis April 1877.

Als nach dem Großen Brand von 1842 nicht nur die Erneuerung der Stadt notwendig wurde, sondern von vielen Seiten auch ein politischer Neubau gefordert wurde, stand „Baumeister bald an der Spitze einer Partei, welche [die] vollständige Umgestaltung der alten Verfassung, [...] [die] Einführung einer gewählten Bürgerschaftsvertretung und [...] die Beschränkung der Befugnisse des Senats [> Nr. 58, Nr. 69], kurz Reform im Sinne der liberalen Doctrin damaliger Zeit [...] forderte"[1]. 1848/49 wurde Baumeister Präsident der aus 188 Mitgliedern bestehenden Konstituierenden Versammlung, die einen Verfassungsentwurf ausarbeitete, der wie so viele Neuerungen, die im Zuge der bürgerlichen Revolution von 1848 auf den Weg gebracht wurden, ad acta gelegt wurde. Später kam es zu einem zweiten Entwurf und erst nach langen Verhandlungen und viel Überzeugungsarbeit zur Verfassung von 1860 (> Nr. 102), an deren Zustandekommen Baumeister maßgeblich beteiligt war und die die Grundlage für die Architektur des Rathauses bot.

Eine vollends demokratisierte Verfassungsstruktur lehnte Baumeister allerdings ab. Nicht zuletzt deshalb genoss er allerdings bei den Senatoren jener Zeit hohes Ansehen und konnte dies immer wieder nutzen, um die Position des Parlaments gegenüber dem Senat zu stärken.[2] JG

93 Ein Eichentisch mit Geschichte

Vorraum zum Plenarsaal In der Lobby des Plenarsaals steht ein imposanter Eichentisch. Er wurde aus dem Holz eines Pfahls gefertigt, der 1886 in der Baugrube zum Vorschein kam. Auf diesem und anderen Pfählen, die man beim Bau fand, waren möglicherweise einst Teile der Stadtmauer gegründet, die hier im 14. Jahrhundert verlief.

In der Mitte der Tischplatte ist die Jahreszahl „1897“ eingeschnitzt, entlang der Tischkante ist zu lesen: „Tief im Schlamme gebettet als Schwelle dient ich den Mauern, die der Alten Geschlecht einst sich errichtet zur Wehr. Wieder ans Licht gezogen nach langer Ruh in der Tiefe, diene ich zur Tafel gefügt heute friedlichem Zweck.“

Das ist doch ein erfüllender Gedanke: Aus Holz, das einst Angreifer abwehren sollte, wurde ein Tisch gefertigt, an dem Menschen zum friedlichen Gespräch zusammenfinden können. MB

Gremium zusammen. Neu war damals auch die verfassungsmäßig garantierte „Freiheit der Diskussionen", also die Redefreiheit. In seiner Eröffnungsansprache ermahnte der Reeder und damalige Alterspräsident der Bürgerschaft Robert Miles Sloman (1812–1900) die Abgeordneten, „starke Argumente ohne verletzende Worte zu gebrauchen". Um die Sitzung nicht zu stören, wurden Fahrzeugbesitzer aufgefordert, das Gebäude langsam zu passieren, denn Kutschräder auf Kopfsteinpflaster machten einen ziemlichen Lärm. Das Haus blieb der Sitz der Bürgerschaft bis zur Eröffnung des neuen Rathauses 1897.

Die Patriotische Gesellschaft von 1765, die der Bürgerschaft über einen Zeitraum von rund 38 Jahren ihre Räumlichkeiten zur Verfügung stellte – gegen üppige Mietzahlungen übrigens –, war von Vertretern verschiedener Berufe und Stände gegründet worden. Ihr Ziel war die Modernisierung der Gesellschaft im Geist der Aufklärung, dazu gehörte die Stärkung von Bürgerrechten, der Einsatz für technische Innovation und die Förderung des Gemeinwohls. JF

94 Gastspiel an der Trostbrücke

Das Haus der Patriotischen Gesellschaft Ein Wandbild im Vorsaal zur Bürgerschaft zeigt den Sitz der „Patriotischen Gesellschaft von 1765" an der Trostbrücke, dargestellt im schönsten Hamburger Schmuddelwetter. Der Bau diente der Bürgerschaft von 1859 bis 1897 als Sitzungsort.

Nach dem Großen Brand 1842 (> Nr. 60), dem auch das alte Rathaus zum Opfer gefallen war, hatten die 192 Abgeordneten der Bürgerschaft zunächst in der ehemaligen Waisenhauskirche getagt. Doch spätestens mit der neuen Verfassung von 1860, die Hamburger Bürgern das Recht einräumte, den Bürgerschaftssitzungen beizuwohnen, brauchte es einen größeren Sitzungssaal. Die Wahl fiel auf das Gebäude der Patriotischen Gesellschaft, das 1847 fertiggestellt worden war – exakt dort, wo zuvor das alte Rathaus gestanden hatte. Am 6. Dezember 1859 kam die Bürgerschaft hier erstmals als parlamentarisches

1897: Die letzte Bürgerschaftssitzung im Gebäude der Patriotischen Gesellschaft.

95 Die gute Stube der Bürgerschaft

Der Bürgersaal, dessen Fenster zum Rathausmarkt weisen, gehört zur Bürgerschaft und wird für Empfänge der Bürgerschaftspräsidentin, für Veranstaltungen oder als Sitzungsraum bürgerschaftlicher Ausschüsse und Fraktionen genutzt. Im Bürgersaal tagt auch der Ältestenrat (> Nr. 99) der Bürgerschaft. In diesem Gremium sind von den Fraktionen benannte erfahrene Fraktionsmitglieder vertreten. Meist sind das die Fraktionsvorsitzenden und Fraktionsgeschäftsführerinnen und -geschäftsführer sowie Abgeordnete mit herausgehobenen Funktionen. Dazu kommen

die Bürgerschaftspräsidentin oder -präsident sowie die Vizepräsidentinnen und -präsidenten.

Der Ältestenrat kann zwar keine Beschlüsse fassen, aber er unterstützt die Präsidentin/Präsident der Bürgerschaft (> Nr. 110, Nr. 111, Nr. 116) bei der Einigung der Fraktionen über die Tagesordnung der Bürgerschaftssitzung, hilft ihr/ihm beim technischen Ablauf der Sitzung und berät sie/ihn bei Personal- und Haushaltsangelegenheiten. Bei Meinungsverschiedenheiten zwischen den Fraktionen übernimmt er eine Vermittlerrolle.

RB

96 Mahnung an die Abgeordneten

Fratzen Die seitlichen Pfosten der ledergepolsterten Wandbänke zieren hölzerne Fratzen, die für negative Eigenschaften stehen: „Missgunst“, „Schadenfreude“, „Neid“ und „Ironie“. Die Botschaft an die Parlamentarierinnen und Parlamentarier lautet, sich von derlei Gefühlen nicht leiten zu lassen: öffentliche Mahnung und – so hoffte man wohl – wirksamer Abwehrzauber. **RB und BK**

97 Parlaments-Pionierin

Helga Elstner Eine der im Bürgersaal aufgestellten Büsten zeigt die SPD-Politikerin Helga Elstner, geb. Kurz (1924–2012). Elstner hatte ab 1978 als erste Frau das Amt der Zweiten Bürgermeisterin inne (1978–1984). 1986 übernahm sie – als erste Frau – die Vizepräsidentschaft der Bürgerschaft.

Von 1987 bis 1991 übte sie das Amt der Bürgerschaftspräsidentin aus, das zuvor Elisabeth Kiausch (SPD) als erste Frau bekleidet hatte, allerdings nur für wenige Monate (Juni bis September 1987). Auf Elstner folgten zunächst erneut Elisabeth Kiausch (1991–1993) und dann Ute Pape (SPD, 1993–2000), Dr. Dorothee Stapelfeldt (SPD, 2000–2004). Die Reihe der Frauen wurde unterbrochen zwischen 2004 und 2011 durch Berndt Röder (CDU, 2004–2010) und Dr. Lutz Mohaupt (parteilos, 2010-2011). Im Anschluss folgten wieder Frauen: Dr. Dorothee Stapelfeldt im März 2011 und seit 23. März 2011 bis heute Carola Veit (SPD).

Bevor die studierte Diplom-Volkswirtin Helga Elstner, die 1955 im Alter von 31 Jahren in die SPD eintrat, in die Politik ging, war sie Sachbearbeiterin in einem Wirtschaftsprüferbüro, Geschäftsführerin des Deutschen Hausfrauenbundes (1954–1957) und anschließend zehn Jahre lang geschäftsführendes Vorstandsmitglied der Arbeitsgemeinschaft der Verbraucherverbände gewesen.

Von 1968 bis 1976 arbeitete Elstner für Käte Strobel im Bundesministerium für Jugend, Familie und Gesundheit und leitete dort in den letzten Jahren in der Funktion einer Ministerialdirektorin die Abteilung „Lebensmittelwesen und Veterinärmedizin". 1976 wurde sie in den Hamburger Senat gewählt, als Präses der Gesundheitsbehörde. 1978 übernahm sie das Amt der Zweiten Bürgermeisterin. In dieser Zeit ruhte ihr Bürgerschaftsmandat.

Nachdem sie 1984 aus der Regierung ausgeschieden war, nahm sie ihre Tätigkeit als Abgeordnete wieder auf. 1991 verabschiedete sich Helga Elstner aus Altersgründen aus der Bürgerschaftsarbeit. RB

98 Ein Haus zum Feiern

Das Baumhaus im Binnenhafen

Den Hauptschmuck im Bürgersaal stellt der aus schwarzem Marmor gefertigte Kamin dar. Über ihm prangt ein Gemälde des Baumhauses im Binnenhafen, das dort von 1662 bis 1857 gestanden hat und als Gasthaus, Fährhaus und Schifferbörse diente. Der bekannte Hamburger Künstler Valentin Ruths (1825–1905) hatte es speziell für diesen Raum geschaffen, da es neben Rathaus und Börse zu den wichtigsten Gebäuden der Stadt zählte. Hier veranstaltete der Senat auch seine Bankette.

Im Baumhaus gab es – wie nirgendwo sonst in Hamburg – vielerlei Sorten Bier und Stockfischgerichte. Von der Galerie bot sich eine atemberaubende Aussicht auf den Hafen. Im 200 Personen fassenden Festsaal konnten Gemälde von Seeschlachten bewundert werden. Krokodile und Meereskrebse zählten ebenso zu den ausgestellten Exponaten wie ein Porträt des Riesen Cagetanus, der sich hier der Legende nach einmal hatte blicken lassen. Erzählungen nach soll sogar ein ausgestopfter Grönländer samt Kajak ausgestellt gewesen sein. JF

Literarisches Treffen bei einem Glas Wein auf der Galerie des Baumhauses. Von links nach rechts: Johann Gottfried Herder, Gotthold Ephraim Lessing und Matthias Claudius.

99 Hamburgs große Stifterin

Raum A und Raum B

Raum A und Raum B befinden sich links und rechts vom Plenarsaal (> Nr. 101). In ihnen finden unter anderem Besprechungen der Fraktionen und der Bürgerschaftskanzlei statt. Raum B steht zudem dem Ältestenrat (> Nr. 95) zur Verfügung, wenn er während einer Plenarsitzung zusammenkommen muss.

Der „Hingucker" in Raum A ist ein Frauenporträt, eine Seltenheit im Rathaus. Es zeigt Conradine Therese Abendroth, geb. Sievert (1805–1874), Tochter des Präses der Handelskammer und verheiratet mit dem Unternehmer und Mäzen Dr. jur. August Abendroth, der wiederum Sohn des Bürgermeisters Amandus Augustus Abendroth (1767–1842) war. Mit ihrem Mann hatte sie sechs Töchter.

Das Vermögen, das sie in die Ehe einbrachte, erlaubte es ihrem Mann, der von 1860 bis 1862 Mitglied der Hamburgischen Bürgerschaft war, seinen Beruf als Advokat aufzugeben und sich fortan der Landerschließung und Bodenspekulation zu widmen. So war er an der Entwässerung und Erschließung der Uhlenhorst beteiligt und wurde zu deren Mitbesitzer. Das Ehepaar Abendroth gründete 1848 den wohltätigen Abendrothschen Frauenverein. RB und BK

Das Gemälde in Raum A zeigt Therese Abendroth (1805–1874).

100
Stimmungslage

Barometer An der Wand im Flur zum Plenarsaal hängt ein altes, kunstvoll verziertes Barometer. Mit solchen Messinstrumenten kann man den Luftdruck bestimmen. Ob es auch die politische Großwetterlage in der Hansestadt und die Stimmung in der Bürgerschaft anzeigt, lässt sich nicht genau sagen. **JG**

101 Eine Bühne der Demokratie

Der Plenarsaal heute Mit seinen Logen und Tribünen, Kronleuchtern und schweren Eichentüren erinnert er ein wenig an einen Theatersaal: Der Plenarsaal ist der Sitzungsort der Hamburgischen Bürgerschaft, des Landesparlaments des Stadtstaates Hamburg – in Bundesländern, die keine Stadtstaaten sind, Landtag genannt.

Jeden zweiten Mittwoch ab 13.30 Uhr – mit Ausnahme der Schulferien – findet hier die Bürgerschaftssitzung statt. Dann sitzen die Abgeordneten im Plenum auf Bänken, die wie in einem Amphitheater ansteigen. Die Plätze in den Logen rechts werden von der Bürgerschaft vergeben; in den Logen links sitzen Gäste des Senats.

Auch wenn die politischen Entscheidungen an anderen Stellen – Fraktionen, Ausschüssen, dem Senat – vorbereitet und ausgearbeitet werden – so ist die Bürgerschaftssitzung doch der wichtigste Ort der parlamentarischen Demokratie in Hamburg. Hier werden Argumente von Regierung und Opposition öffentlich ausgetauscht, über die Berichte aus den Ausschüssen befunden und von den Fraktionen und dem Senat eingebrachte Anträge und Gesetzentwürfe debattiert und beschlossen. In der Regel sollen die Sitzungen nicht über 22.00 Uhr ausgedehnt werden.

Zu den wichtigsten parlamentarischen Aufgaben der Bürgerschaft gehört die Ausübung der gesetzgebenden Gewalt, der Legislative. Sie ist die politische Instanz, die Landesgesetze verabschiedet. Darüber hinaus wählt die Bürgerschaft den Ersten Bürgermeister bzw. die ▶

Erste Bürgermeisterin und bestätigt den Senat. Zudem kontrollieren ihre Abgeordneten die Regierung, indem sie zum Beispiel Kleine und Große Anfragen an den Senat stellen.(> Nr. 43) Und schließlich hat die Bürgerschaft die Haushaltshoheit. Das bedeutet: Sie entscheidet über die Höhe und Verwendung der staatlichen Ausgaben.

An den Bürgerschaftssitzungen nehmen auch Senatsmitglieder teil. Sie sitzen auf der Senatsbank aus Sicht des Präsidiums (> Nr. 110) rechts. Während der Sitzungen hat sich der Senat der „Ordnungsgewalt" der Bürgerschaft unterzuordnen. Er darf aber auch selbst das Wort ergreifen, und zwar jederzeit und ohne zeitliche Einschränkung.

Früher betrieben die Abgeordneten der Hamburgischen Bürgerschaft Politik als Ehrenamt neben ihrem Beruf und erhielten für ihr Mandat nur eine Aufwandsentschädigung. Man sprach auch von einem „Feierabend-Parlament". Weil die Arbeit der Abgeordneten immer umfangreicher geworden ist, erhalten sie seit 1996 Zahlungen, Diäten genannt. Seither spricht man von einem „Teilzeit-Parlament". Es darf niemand daran gehindert werden, neben ihrer/seiner Erwerbstätigkeit ein Bürgerschaftsmandat auszuüben.

1952 beschloss die Bürgerschaft eine freiheitliche neue Verfassung für Hamburg (> Nr. 106). Seither besteht das Landesparlament aus mindestens 120 Abgeordneten, die in der Regel alle fünf Jahre von den wahlberechtigten Einwohnerinnen und Einwohnern Hamburgs gewählt (> Nr. 17) werden. RB

Plenarsaal Ende des 19. Jahrhunderts. Links oben: Zuschauertribüne. Oben in der Mitte: Logen. Rechts unten: Präsidium der Bürgerschaft, davor das Redepult.

102 Startschuss

Der Plenarsaal nach Einzug ins Hamburger Rathaus Einst bestand die Bürgerschaft aus 192 Mitgliedern, doch 1879 verringerte man die Anzahl der Abgeordneten. So zogen zur Eröffnung des Rathauses 160 Abgeordnete ein – aufgeteilt in drei Fraktionen: die Rechten, das linke Zentrum und die Linken.

Die Sitze der Abgeordneten im Plenarsaal waren „nach Kreissektoren geordnet, die im Idealfalle den Fraktionen entsprechen mochten. Die Präsidententribüne wurde entsprechend dem Aufbau des Bürgerschaftspräsidiums mehrstufig angeordnet: Nur wenige Stufen erhöht, genau in der Mittelachse, war das Rednerpodium. Dahinter breitete sich in einem flachen Bogen die dreiteilige Tribüne aus; die beiden um fünf Stufen erhöhten Seitenflügel für die Senatskommissare werden von dem Mittelteil des eigentlichen Bürgerschaftspräsidiums um eine Stufe überragt."[1)]

Damals wurden die Abgeordneten nicht als Angehörige von

Haller (> Nr. 121), der in seiner Zeit als Abgeordneter von 1885 bis 1900 maßgeblich am Bau des Rathauses beteiligt war, sowie der Übersee-Kaufmann, Reeder und Kolonialakteur Alfred Woermann (1847–1911). Er war maßgeblich an der Errichtung der deutschen Kolonien und dem Genozid an den Herero in Afrika beteiligt.

Dem linken Zentrum gehörten damals der Bankkaufmann und von 1889 bis 1890 Präses der Handelskammer Siegmund Hinrichsen (1841–1902) an. (> Nr. 106) Von 1892 bis 1902 amtierte er als Präsident der Hamburgischen Bürgerschaft; sowie der Kaufmann und Industrielle (Oberbekleidung und Regenschirme) Charles Lavy (1842–1928).

Zur Fraktion der Linken zählten 1897 u. a. Max Hagedorn (1852–1914), Hals-Nasen-Ohren-Arzt sowie Entomologe, der sich bevorzugt dem Gebiet der Borkenkäfer widmete, sowie der Tischlermeister Gustav Reinhold Richter (1817–1903), von 1877 bis 1880 Präsident des Arbeiter-Bildungsvereins.

Später kamen etliche Fraktionen hinzu. 1919 etwa, nach der ersten demokratischen Wahl (> Nr. 17, Nr. 103), bot sich schon ein sehr vielfältigeres Bild. Im Plenarsaal saßen damals die SPD (82 Sitze), die Deutsche Demokratische Partei (DDP, linksliberal, 33 Sitze), die sozialistische Unabhängige Sozialdemokratische Partei (USPD, 13 Sitze), die nationalliberale Deutsche Volkspartei (DVP, 13 Sitze), der Hamburger Wirtschaftsbund (HWB, 9 Sitze), die konservativ-nationale Deutschnationale Volkspartei (DNVP, 4 Sitze), das Grundeigentümer-Wahlbüro (GeWb, 4 Sitze) sowie die Deutsche Zentrumspartei (DZP) , die Partei der Katholiken und des politischen Katholizismus (2 Sitze).

Parteien gewählt, sondern als Personen. „Sie traten erst nach der Wahl in die Bürgerschaft einzelnen Fraktionen bei; deren Namen ‚Rechte', ‚Linkes Zentrum' und ‚Linke' verraten [...], dass feste Parteirichtungen fehlten. Ein Fraktionszwang [wie heute üblich] war undenkbar."[2] Die Fraktion der Rechten bestand vorwiegend aus Kaufleuten und Notabeln, also Angehörigen der sozialen Oberschicht. Im linken Zentrum waren vorwiegend Vertreter der Industrie versammelt. Die Fraktion der Linken setzte sich vorwiegend aus Handwerkern und Kleingewerbetreibenden zusammen.

Der spätere Bürgermeister von Hamburg Carl Wilhelm Petersen (1868–1933; Erster Bürgermeister von 1924 bis 1930 und von 1932 bis März 1933), der von der Fraktion der Rechten zu den Vereinigten Liberalen überwechselte, meinte, man könne die Fraktionen an ihren Stiefeln unterscheiden: Die Fraktion der Rechten sei die Fraktion der Lackstiefel, die der Linken die Fraktion der Schmierstiefel und die des linken Zentrums die Fraktion der Wichsstiefel.[3]

Als die Bürgerschaft 1897 in das neue Rathaus einzog, gehörten zum Beispiel zur Fraktion der Rechten der Architekt Martin

RB

103 Sternstunde der Demokratie

Helene Lange und das Frauenwahlrecht Der 16. März 1919 markiert eine Zeitenwende: Erstmals durften nun auch Frauen die Hamburgische Bürgerschaft wählen und in sie hineingewählt werden. Damals wurden 17 Frauen und 160 Männer gewählt: Neun Frauen gehörten der SPD an; vier der liberaldemokratischen Deutschen Demokratischen Partei (DDP); zwei zählten zur links von der SPD stehenden Unabhängigen Sozialdemokratischen Partei (USPD) und jeweils eine zur nationalliberalen Deutschen Volkspartei (DVP) und zur nationalistisch-konservativen Deutschnationalen Volkspartei (DNVP). Zum Vergleich: In der 22. Wahlperiode etwa (Stand Mai 2022) besteht die Bürgerschaft aus 56 Frauen und 67 Männern.

Als die erste demokratisch gewählte – und auch mit Frauen besetzte – Bürgerschaft am Montag, den 24. März 1919, zu ihrer ersten Sitzung zusammenkam, stand zum ersten Mal in der Geschichte des Gremiums eine Frau am Redepult: Helene Lange (1848–1930). Sie gehörte zu den Anführerinnen und Vordenkerinnen der bürgerlichen Frauenbewegung. Diese und die proletarische Frauenbewegung hatten lange für das Frauenwahlrecht gekämpft.

Helene Lange eröffnete als ältestes Mitglied des Parlaments und damit als Alterspräsidentin die Bürgerschaftssitzung und begann ihre Rede mit den Worten: „Meine Herren und Damen!" Bei dieser Anrede, die zum ersten Mal in diesem Haus erklang, ging es ihr nicht um falsche Höflichkeit, sondern schlicht um die Tatsache, dass die „Herren" ja in der Mehrzahl waren. Sie fuhr fort: „Wir Abgeordnete, gewählt durch ein restlos demokratisches Wahlrecht, [...] haben die Verpflichtung, eine restlos demokratische Grundlage des neuen Staates zu schaffen. [...] Sie kann allein unser leitender Gedanke sein. [...] Vorrechte durch Gewalt gestützt oder durch Gewalt erkämpft und behauptet – [...] können in dem Werk, das wir schaffen, keine Stätte haben. Oder wir liefern das Leben unseres Staates

Porträt von Helene Lange.

Kämpfen ohne Sinn und ohne Ende aus. [...] In neuer Zusammensetzung – ohne Zweifel ein vollständigerer Ausdruck des Volkswillens als je zuvor – tritt diese Versammlung ihre Aufgabe an [...]."[1)]

Mit den Worten „restlos demokratisches Wahlrecht" meinte Helene Lange ein Wahlrecht, das nicht mehr nach Klasse, Einkommen, Besitz oder Geschlecht unterscheidet. Das Protokoll verzeichnet hier Beifallsrufe: „Bravo!" Helene Lange, Mitglied der Deutschen Demokratischen Partei (DDP), gehörte der Bürgerschaft von März 1919 bis Dezember 1920 an. **RB und BK**

24.März 1919: die erste Sitzung der Bürgerschaft nach der Bürgerschaftswahl vom 16. März 1919.

10. Mai 1933: Eine der letzten Bürgerschaftssitzungen in der NS-Zeit nach der „Gleichschaltung" der Länderparlamente - diesmal mit „NS-Saalschutz". Bilder rechts: nach 1937 umgebauter Plenarsaal, der nun Ratsherrensaal hieß. Es gibt kein Redepult mehr, nur noch eine hufeisenförmige Tischaufstellung für das nun herrschende Einparteiensystem.

104 Der eigene Untergang

Der Plenarsaal in der NS-Zeit

Nach der Reichstagswahl am 5. März 1933 stürmten die Nationalsozialisten das Hamburger Rathaus und verkündeten das Reichstagswahlergebnis und die „Machtergreifung" der NSDAP. Die Nationalsozialisten hatten bereits seit 1928 auf Abgeordnetenplätzen in der Hamburgischen Bürgerschaft gesessen.

Drei Tage nach diesem Ereignis versammelte sich die ein Jahr zuvor gewählte Bürgerschaft, „um einen neuen Senat zu bilden, auf den sich [...] die Parteien rechts von der SPD [...] geeinigt hatten. Sie konnte nur noch ihren eigenen Untergang beschließen, obwohl sich dessen selbst die Abgeordneten der neuen Opposition anscheinend noch nicht bewusst waren." [1] Der neue, nun zwölfköpfige Senat bestand aus sechs Senatoren der NSDAP und vier Senatoren der Deutschnationalen Volkspartei sowie aus zwei Senatoren von der Deutschen Volkspartei und der Staatspartei. Die Kommunisten waren von der Abstimmung bereits ausgeschlossen worden.

Mochten die kleineren Parteien und auch die Opposition damals glauben, gleichberechtigte Partner zu sein, wurden sie bald eines Besseren belehrt. Mit dem Gesetz zur „Gleichschaltung der Länder" vom 31.3.1933 wurden die Landesparlamente ohne Neuwahlen gemäß den Ergebnissen der Reichstagswahl vom 5.3.33 zusammengesetzt – eben „gleichgeschaltet". Das nationalsozialistische Regime löste die Gewaltenteilung auf, die Verfassung verlor ihre Bedeutung. Die Bürgerschaft wurde überflüssig gemacht. Der Senat erhielt nun die Befugnis, Gesetze zu verabschieden. In Hamburg wurde das Amt des Reichsstatthalters eingeführt. Bürgermeister Carl Vincent Krogmann (1889–1978) wurde Reichsstatthalter Karl Kaufmann (1900–1969) unterstellt und hatte praktisch keine Machtbefugnisse mehr. Die Gleichschaltung war hier restlos vollzogen, die Demokratie endgültig abgeschafft.[2] Die Bürgerschaft tagte noch dreimal. Nach dem 28.6.1933 fand keine Sitzung mehr statt, am 14.10.1933 wurde sie aufgelöst.

Bald spiegelte auch die Architektur das neue Machtgefüge: „1937 wurde der Bürgerschaftssaal zu dem sogenannten ‚Ratsherrensaal' umgestaltet. Was ein parlamentarisches Plenum charakterisierte, wurde entfernt oder geändert. Durch Aufhöhung wurde der Fußboden geebnet, die sektorenförmige Sitzordnung musste einer hufeisenförmigen Tischaufstellung weichen: Das Einheitsparteisystem brauchte die sichtbare Trennung nach Fraktionen nicht. Auch auf das Rednerpodium konnte verzichtet werden. Überdies wurde eine Reihe anderer, dekorativer Veränderungen vorgenommen."[3] RB

„22. Sitzung der Bürgerschaft" am 22.11.1946, 11 Uhr, im Großen Saal. Vereidigung des ersten frei gewählten Senats nach dem Ende des Nationalsozialismusmus. In der ersten Reihe: das Präsidium der Bürgerschaft, in der zweiten Reihe der neu gewählte Senat.

105 Zurück zur Demokratie

Plenarsaal nach der Befreiung vom Nationalsozialismus Fünf Jahre nach der Befreiung vom Nationalsozialismus wurde 1950 die ursprüngliche Form des Plenarsaals wiederhergestellt (> Nr. 102). Die Anzahl der Abgeordnetensitze wurde zunächst auf 133 reduziert und später, mit der Hamburgischen Verfassung von 1952 (> Nr. 106), auf mindestens 120 festgelegt (Artikel 6, Abs. 2).

Ernannte Bürgerschaft 1946
Nachdem am 3.5.1945 vor dem Portal des Rathauses die förmliche Übergabe der Stadt an die Alliierten erfolgt war (> Nr. 24), unterstand Hamburg der britischen Militärregierung. Diese setzte zwei Bürgermeister ein, Rudolf Petersen (parteilos) (> Nr. 55) und Adolph Schönfelder (SPD), und ernannte im Februar 1946 die Bürgerschaft, zusammengesetzt aus Vertretern von Berufs- und Interessengruppen, Parteien, Kirchen und Verbänden. Sie bestand aus 81 Mitgliedern, unter ihnen sieben Frauen (2 KPD; 3 SPD; 1 FDP; 1 CDU). Die Bürgerschaft besaß keine legislative Macht, hatte als Sprachrohr für die Bevölkerung aber eine wichtige Funktion.

Erste frei gewählte Bürgerschaft
Am 13. Oktober 1946 fand die erste freie Wahl der Bürgerschaft nach der Befreiung vom NS-Regime statt. 110 Abgeordnete durften gewählt werden. Einige Personengruppen wurden von der Eintragung in die Wählerlisten ausgeschlossen. „Das Wahlrecht verloren politische Leiter der NSDAP, ‚alte Kämpfer' und Mitglieder der Gestapo und der SS. Wer aus der NSDAP oder deren Gliederungen ausgeschlossen worden oder freiwillig ausgetreten war, erhielt sein Wahlrecht zurück. Wählen durften auch nicht Amtsträger der NS-Organisationen. [...] Insgesamt wurden aus politischen Gründen 14 633 Streichungen in den Wählerlisten vorgenommen. Von 702 Bürgerschaftskandidaten wurden 575 zugelassen."[1)]

Die Wahlbeteiligung lag bei 79 Prozent. Den Wahlsieg errang die SPD (43,1 Prozent, 83 Sitze). Die CDU erhielt 26 Prozent (16 Sitze), die FDP 18,2 Prozent (7 Sitze) und die KPD 10,4 Prozent (4 Sitze). 17 der gewählten Abgeordneten waren Frauen. 15 Frauen gehörten der SPD an, je eine der FDP und der KPD. Als einzige Frau der CDU rückte Else Kesting für einen männlichen Abgeordneten der CDU nach.

Am 30. Oktober 1946 fand die erste Bürgerschaftssitzung nach der Wahl statt. Präsident der Hamburgischen Bürgerschaft wurde Adolph Schönfelder, Erster Bürgermeister Max Brauer. (> Nr. 55) Die Bürgerschaft besaß nun wieder mehr Funktionen und konnte nun auch eigene Beschlüsse fassen.

Gewählte Bürgerschaft bis in die 1950er Jahre
„1949 erließ die Bürgerschaft ein neues, kombiniertes Mehrheits- und Verhältniswahlrecht. Die SPD gewann mit 65 der 120 Sitze die absolute Mehrheit. Zur Bürgerschaftswahl 1953 schlossen sich die konservativ-liberalen Fraktionen unter Führung der CDU zum ‚Hamburg-Block' zusammen und gewannen mit 62 Sitzen knapp. Mit dem Wahlgesetz von 1956 ging die Bürgerschaft zum reinen Verhältniswahlrecht mit Fünfprozentklausel über."[2)] RB

Anlässlich der Verfassungsfeier 1952: Aufstellung einer Hundertschaft der Bereitschaftspolizei mit Karabinern vor dem Rathaus.

106 Angetreten für die Verfassung

Verfassungen von 1921, 1946 und 1952 Zu den Höhepunkten in der Parlamentsgeschichte gehören die Beratungen und die Abstimmungen über eine Verfassung als Grundordnung des politischen Lebens. Dreimal wurde im Plenaraal der Bürgerschaft darüber debattiert und entschieden. Die erstmals von allen Hamburgerinnen und Hamburgern am 16. März 1919 gewählte Bürgerschaft (> Nr. 103) beschloss bereits am 26. März das „Gesetz über die vorläufige Staatsgewalt", mit dem der demokratische Umbruch der Revolution von 1918/19 besiegelt wurde. § 1 bestimmte: „Die Ausübung der höchsten Staatsgewalt steht der Bürgerschaft als der Vertretung des hamburgischen Volkes zu." Am 29. Dezember 1920 verabschiedete die Bürgerschaft die neue Verfassung mit dem Artikel 2: „Die Staatsgewalt geht vom Volke aus. Sie wird nach Maßgabe der Verfassung und der Gesetze ausgeübt." Die von der britischen Besatzungsmacht eingesetzte Ernannte Bürgerschaft (> Nr. 105) beschloss am 15. Mai 1946 die „Vorläufige Verfassung der Hansestadt Hamburg", die weitgehend an die Verfassung von 1921 anknüpfte. 1948 begannen dann Beratungen einer neuen Verfassung, 1949 beschloss der Parlamentarische Rat das Grundgesetz der Bundesrepublik Deutschland, das abgewartet wurde, 1950 fand eine Bürgerschaftswahl statt und die Beratungen wurden fortgesetzt. Am 4. Juni 1952 fand die neue Verfassung (> Nr. 54) eine fast einhellige Zustimmung im Parlament. Erstmals wurde eine Präambel mit den Staatszielen aufgenommen, darin bekannte sich die Stadt dazu, „Mittlerin zwischen allen Erdteilen und Völkern der Welt" zu sein und die „politische, soziale und wirtschaftliche Gleichberechtigung" zu verwirklichen. Alle Bürgerinnen und Bürger wurden angesprochen: „Jedermann hat die sittliche Pflicht, für das Wohl des Ganzen zu wirken." 2020 wurde die Präambel erweitert: „Die natürlichen Lebensgrundlagen stehen unter dem besonderen Schutz des Staates. Insbesondere nimmt die Freie und Hansestadt Hamburg ihre Verantwortung für die Begrenzung der Erderwärmung wahr." Eine umfassende Verfassungs- und Parlamentsreform wurde 1996 beschlossen, mit der Richtlinienkompetenz für den Ersten Bürgermeister (> Nr. 69), einer Stärkung des Parlaments und der Wiedereinführung der schon 1921 vorgesehenen Volksgesetzgebung. 2020 wurde die jahrhundertealte, 1563 begonnene Mitwirkung des Volkes an der Verwaltung durch die Deputationen mit der Neufassung von Artikel 56 aus der Verfassung gestrichen. FK

107 Kampf mit Worten

125 Jahre Stimmen aus dem Hamburger Parlament

125 Jahre Hamburger Rathaus – das bedeutet auch: 125 Jahre Bürgerschaftsdebatten. Eine kleine Auswahl von Abgeordnetenzitaten in Zehnjahresschritten zeugt von manch heiterer Stimmung und heftigen Diskussionen im Parlament. In den Protokollen (stenographische Berichte [StB], später Plenarprotokolle [Plp] genannt) werden auch die Reaktionen des Plenums vermerkt. Die Protokolle werden in der Parlamentsdokumentation im dritten Stock des Hamburger Rathauses auf der Bürgerschaftsseite aufbewahrt.

1897

Bis 1899 gab es keine stenographischen Berichte aus den Bürgerschaftssitzungen. Deshalb können für diese Zeit hier auch keine Zitate aus Reden präsentiert werden. „Jedermann konnte zuhören [seit 1860 waren die Bürgerschaftssitzungen öffentlich], und auch dem, der im Hause geblieben war, berichteten die Zeitungen so ausführlich und unparteiisch, dass […] kein Bedürfnis nach amtlichen stenographischen Berichten bestand", wie Jürgen Bolland schreibt.[1)]

Die erste Bürgerschaftssitzung im neuen Rathaus fand am 3. November 1897 um 19 Uhr statt. Es war die 30. Sitzung der damaligen Wahlperiode. Auf der Tagesordnung standen Themen wie z. B. „Staatszuschuss für eine zu bauende Heilstätte für unbemittelte Tuberkulosekranke", „Abstellung der von den Hochfluten der Elbe verbundenen Übelstände für die Bewohner der südlichen Neustadt" oder „Erbauung eines Fußgängertunnels unter der Glacis-Chaussee und Planierung des Heiligengeistfeldes".

1900er-Jahre

17.1.1906 (StB, 3. Sitzung, S. 75)

Dr. Albert Martin Wolffson (Fraktion der Rechten, 1906: parteilos) sprach zum Bericht des Ausschusses „zur Prüfung des Antrags des Senats betreffend Abänderung des Wahlgesetzes" – in die Geschichte als „Wahlrechtsraub" eingegangen. Dahinter steckte die Befürchtung großer Teile der Bürgerschaft und des Senats, dass die Sozialdemokraten, die 1904 in der Bürgerschaft 13 Mandate hatten erringen können, immer stärker würden. Um dem einen Riegel vorzuschieben, schlug der Senat eine Revision des Wahlrechts vor – und zwar einen weiteren Steuerzensus.

Damit glaubte man diejenigen sozialen Schichten vom Wahlrecht ausschließen zu können, die vermehrt die Sozialdemokraten wählen würden.

Albert Martin Wolffson sah dieses Vorhaben kritisch und äußerte: **„[…] ich erkläre, dass ich die Argumentation, Sozialdemokraten würden in Bezug auf bestimmte Fragen einen gegnerischen Standpunkt einnehmen und es müsse daher eine Beschränkung des Rechtes derjenigen Klassen, die Sozialdemokraten wählen, erfolgen, für überaus bedenklich halte. Denn dieser Gesichtspunkt führt einfach dahin, dass die herrschenden Parteien die politischen Verhältnisse […] künstlich festlegen."**

Am 28. Februar 1906 wurde in der Bürgerschaft über die Wahlrechtsvorlage abgestimmt: 120 Abgeordnete waren dafür, 35 dagegen. Obwohl die damals amtierenden beiden Bürgermeister Johann Heinrich Burchard und Johann Georg Mönckeberg (> Nr. 78) gegen die Wahlrechtsvorlage stimmten, sprach sich der übrige Senat dafür aus.

1910er-Jahre

24.3.1919 (StB, 1. Sitzung, S. 11 f.)

Nachdem am 16. März 1919 erstmals alle erwachsenen Hamburgerinnen und Hamburger in allgemeiner, geheimer und freier Wahl die Hamburgische Bürgerschaft hatten wählen dürfen, fand die erste Bürgerschaftssitzung nach der Wahl am 24. März 1919 statt. „Bis dahin hatten nur wohlhabende Männer das Wahlrecht, obwohl sie nur fünf Prozent der Einwohner ausmachten. So blieben Kaufleute, Reeder und Fabrikbesitzer im Parlament für Jahrhunderte weitgehend unter sich und bestimmten die Politik.

1906 verschärften sie das Wahlrecht sogar noch einmal, um die Sozialdemokraten, die im Berliner Reichstag längst die stärkste Fraktion bildeten, von der Regierung fernzuhalten."[2)]

Der SPD-Abgeordnete Emil Johann Ernst Krause ging während der Bürgerschaftssitzung in seiner Rede auf das neue demokratische Wahlrecht ein und wies dabei auch darauf hin, wem dieses Wahlrecht zu verdanken sei: **„Diese Bürgerschaft, die auf Grund dieses freien Wahlrechts gewählt ist, wird in Vertretung der Gesamtheit des hamburgischen Volkes die höchste**

Staatsgewalt innehaben und ausüben. Sie wird im Gegensatz zu früher, wo sich Senat und Bürgerschaft die höchste Staatsgewalt teilten und auch gemeinsam die Gesetze gaben, [...] in Zukunft allein die einzige gesetzgebende Körperschaft sein. Aus dieser Änderung, dass in Zukunft die Bürgerschaft die Trägerin der höchsten Staatsgewalt und die alleinige gesetzgebende Körperschaft sein wird, ergibt sich, dass der Senat in Zukunft nur das Organ der Volksvertretung sein und in ihrem Auftrag die vollziehende Gewalt ausüben wird. Meine Damen und Herren! Das sind die politischen Errungenschaften, die wir der Revolution [Novemberrevolution 1918] verdanken und deren wir uns freuen.**" (> Nr. 16.)

1920er-Jahre:

23.6.1926 (StB., 27. Sitzung, S. 732)

Adele Reiche (SPD) zum Thema „weibliche Berufsschule": **„Es fehlt in der weiblichen Berufsschule an einer sachverständigen Aufsicht. [...] Bei der allgemeinen Berufsschule für das weibliche Geschlecht ist es [...] so, dass die Aufsicht über den Unterricht in Säuglingspflege und Mutterschutzfragen der männliche Schulrat ausübt. Ich glaube, das ist keine sachverständige Aufsicht! Und ich möchte die Worte wiederholen, die vor einer Stunde Fräulein Beckmann** [> Nr. 54] **ausgesprochen hat: Es werden auch die Frauen, die von sich aus nicht Frauenrechtlerinnen sind, allmählich auf diese Bahn getrieben, weil die berechtigten Wünsche der Frauen nicht berücksichtigt werden."**

1933

8.2.1933 (StB., 3. Sitzung, S. 107)

Franz Jacob (KPD) (> Nr. 6) zum „Antrag von Dr. Stubmann und Genossen: Wirtschaftspolitische Maßnahme. Die Bürgerschaft ersucht den Senat, die Reichsregierung auf die katastrophalen Folgen der jüngsten wirtschaftspolitischen Maßnahmen [, die] für den deutschen Überseehandel und die deutsche Seeschifffahrt herbeigeführt worden sind", aufmerksam zu machen. Dazu **Franz Jacob**: **„Die Beschäftigung der Hamburger Hafenarbeiter und der Umschlag im Hafen sind [...] um mehr als 20 Prozent weiter zurückgegangen. [...] Wir haben den Aufruf der Hitler-Regierung gelesen und wissen auch, dass in diesem Aufruf über die wirklichen Pläne der Regierung [...] nichts gesagt ist, und zwar darum nicht, weil sie sich noch nicht einig ist über die Methoden, mit denen sie die Massen betrügen will."**
(**Friedrich Stanik** [NSDAP]: **„Darum werden Sie gar nicht gefragt!"**) (Lebhafte Unruhe und Zurufe). **„[...] Wir Kommunisten halten es trotzdem für notwendig [...] einige Bemerkungen darüber zu machen, wie wir überhaupt diese ganze Diskussion werten."**
(**Stanik** [NSDAP]: **„Das ist uns ganz schnuppe, wie ihr sie wertet!"**)
Jacob: **„Ich habe dich doch gar nicht gefragt."**
(**Stanik**: **„Was kennst du Quittje vom Hamburger Hafen!"**)
Jacob: **„Auf jeden Fall bin ich mehr Hamburger als du."** (Andauernde große Unruhe und Zurufe. Redner Jacob wendet sich an den Bürgerschaftspräsidenten.) Vizepräsident Franz Beyrich (Deutsche Zentrumspartei) (unterbrechend): **„Ich bitte jetzt um Ruhe."**
(**Stanik**: **„Er ruft den Präsidenten um Hilfe!"**)
Jacob: **„Ich habe ihm nur mitgeteilt, dass er sowieso nicht mehr lange da sitzt!"** Nach dem 28.6.1933 fand keine Bürgerschaftssitzung mehr statt, am 14.10.1933 wurde die Bürgerschaft aufgelöst. (> Nr. 104.)

1940er-Jahre nach der Befreiung vom Nationalsozialismus

15.5.1946 (StB., 6. Sitzung, S. 99 f.)

Magda Langhans (KPD): Antrag von Langhans und Genossen: „Sonderzuteilungen auch an 18- bis 25-jährige Frauen".

„Wenn wir heute Deutschland neu aufbauen wollen, so können wir es praktisch nur durch die tätige Mitarbeit der Frauen. [...] Es ist Bohnenkaffee extra verteilt worden, Süßwaren sind verteilt worden, die Frauen im Alter von 18 bis 24 Jahren erhalten dies alles nicht. Ich glaube, in einem [...] demokratischen Staat soll man auch hier jeder Frau dasselbe Recht einräumen wie den Männern." Nachredner **Otto Borgner** (SPD): **„Wir stimmen dem Antrag der Kommunistischen Fraktion besonders gern zu. Es handelt sich um einen Teil der Bevölkerung, der gerade bei den Männern sich einer besonderen Beliebtheit erfreut."** (Heiterkeit im Parlament)

1950er-Jahre

13.2.1952 (StB., 3. Sitzung, S. 106 f.)

Else Kesting (CDU): Antrag: „Gefährdung der Jugend durch Schrifttum".

„In den Zeitungskiosken und bei den übrigen Zeitungshändlern nimmt der Aushang von

Zeitschriften und Magazinen schmutzigster Art mit sittlich-anstößigem Inhalt und sexuell aufreizenden Umschlagbildern so überhand, dass weite Teile der Bevölkerung empört sind." Zuruf Dr. Renatus Weber (CDU): **„Können wir das nicht mal sehen?"** (Große Heiterkeit im Plenarsaal)

1960er-Jahre

12.2.1969 (StB., 62. Sitzung vom 12.2.1969, S. 2732 ff.)

Thema: Aufhebung der Verjährungsfrist für Mord und Völkermord nach 20 Jahren. Ein Bundesgesetz hatte den Beginn ihrer Verjährung auf das Jahr 1950 festgelegt. Kurz vor Ablauf der 20 Jahre, 1969, war klar, dass bis 1970 nicht alle nationalsozialistischen Mordtaten aufgeklärt sein würden. Deshalb bereitete der Bundestag ein Gesetz über die generelle Aufhebung der Verjährungsfrist vor.

Dazu in der Debatte Margarete Jastram (CDU): **„Wenn ich mir erlaube, hier als Frau und Nichtjuristin zur Frage der Aufhebung der Verjährungsfrist für Mord und Völkermord wie auch zu NS-Gewaltverbrechen zu sprechen, so tue ich es, weil ich mich in besonderem Maße verantwortlich fühle für einen Zeitabschnitt unserer Geschichte, der mich und meine Generation in besonderer Weise betroffen hat."**

1970er-Jahre

14.4.1976 (Plp., 30. Sitzung, S. 2944)

Ursula Pohl (FDP) während der Debatte über „Begleitende Maßnahmen zum § 218":

„Auch die Männer werden langfristig nicht dran vorbeikommen, ihre Denkart ein wenig zu verändern. Wir hoffen, dass unsere Gesellschaft durch die verstärkte Einflussnahme der Frauen etwas menschlicher wird." Zwischenruf Fridtjof Kelber (CDU): **„Das bezweifle ich, wenn ich Sie sehe!"** (Heiterkeit) Ursula Pohl: **„Sie sollen mich nicht anschauen, sondern etwas tun."**

1980er-Jahre

9.12.1987 (Plp., 13. Sitzung, S. 708D)

Ulla Bussek (GRÜNE/GAL) während der Haushaltsberatungen: Thema: geplante Privatisierung der öffentlichen Reinigungsfirmen.

„Das Soll bei jeder Reinigung sind 160 Quadratmeter pro Stunde bei diesen Firmen. Meine Herren, auch Herr Weiland!, ich möchte Sie mal 160 Quadratmeter pro Stunde – und das viele Stunden am Tag – putzen sehen und dem Unternehmen dabei beinahe jederzeit flexibel zur Verfügung zu stehen. Meine Herren, das heißt ihr Gedusel von Privatisierung, Flexibilisierung und Freiheit!"

1990er-Jahre

29.10.1997 (Plp., 2. Sitzung, S. 41)

Thema: Antrag der SPD-Fraktion nach Einsetzen einer Enquete-Kommission bezüglich Strategien gegen die anwachsende Jugendkriminalität.

Rolf Harlinghausen (CDU): **„Es ist wohl wahr, dass die jüngsten Wahlen eindrucksvoll verdeutlicht haben, dass die Menschen in Hamburg in großer Sorge über die wachsende Kriminalität und insbesondere die Jugendkriminalität sind. Sie erwarten von der Politik konkretes Handeln und umgehende Maßnahmen zur Eindämmung dieser besorgniserregenden Entwicklung. Und was geschieht? Das Erste, was das politische Brautpaar SPD und GAL zusammen anstrebt – außer Ämtern natürlich – und nach der Lage der Dinge auch fertigbringt, ist die Zeugung einer Kommission. Wie hat ein Journalist seinen Leitartikel sinngemäß begonnen? ‚Und wenn ich nicht mehr weiterweiß, dann bild' ich einen Arbeitskreis.'"**

2000er-Jahre

5.9.2001 (Plp., 5. Sitzung, S. 5385)

Zum Thema: Olympische Spiele in Hamburg.

Dr. Hans-Peter de Lorent (GAL): **„Aus einer anfangs von vielen als Thema des Sommerlochs abgetanen Idee, Olympia in Hamburg, hat sich hier schon so etwas wie ein Olympia-Fieber entwickelt. Ortwin Runde hat alle Ministerpräsidenten der Nordländer für diese Idee gewonnen, Olaf Scholz legt als Innensenator im nächsten Monat eine Machbarkeitsstudie vor, und Willfried Maier hat in den letzten Wochen ein Stadtentwicklungskonzept vorgestellt, in dem ein überzeugender Vorschlag gemacht wird, Olympia im Herzen Hamburgs stattfinden zu lassen.** (Unruhe im Hause) **– Vielleicht kann man das von der Redezeit abziehen, sodass ein wenig Ruhe einkehrt?** (Bernd Reinert, CDU: **„Nö!"** – Antje Möller, GAL: **„Nicht abziehen, drauflegen!"**) **– Ich rede leiser, wenn Sie leiser sind, okay? Dann können wir uns doch auf dieser Ebene einigen."**

2010er-Jahre

21.1.2015 (Plp., 104. Sitzung, S. 7805)

Aktuelle Stunde: angemeldetes Thema von der Fraktion DIE LINKE zum Thema Gewalt und Rassismus.

Christiane Schneider (DIE LINKE): **„Wir sind, mit allen Unterschieden, eine Gesellschaft. Alle angeblichen Alternativen für Deutschland, die die Vielfalt der Gesellschaft infrage stellen, zerstören den Zusammenhalt, bereiten der Gewalt den Boden und drohen in Barbarei zu münden.** (Beifall bei der LINKEN, der SPD und den GRÜNEN) **Von zwei Seiten droht dem friedlichen Zusammenleben gegenwärtig große Gefahr. Zum einen von Bewegungen wie al-Qaida oder IS, die auch in dieser Stadt Anhänger und Anhängerinnen werben und für ihren terroristischen Kampf rekrutieren."**

2020er-Jahre

30.3.2022 (Plp., 43. Sitzung, S. 3238)

Thema: Haus- und kinderärztliche Versorgung in Hamburg. Claudia Loss (SPD): **„Schaut man sich die Arztverteilung in Hamburg an, könnte man den Eindruck gewinnen, dass der Versorgungsbedarf einiger Ärztinnen und Ärzte weit mehr Gewicht hat als der Versorgungsbedarf der Patientinnen und Patienten. Ich kann im Einzelfall wirklich gut nachvollziehen, warum man sich lieber in einem bessergestellten Stadtteil niederlässt, insgesamt dürfen wir aber als Stadt dabei nicht tatenlos zusehen."** (Beifall)

Vizepräsident Frank Schmitt (unterbrechend): (Glocke) **„Ich darf einmal bitten, die kleinen Gesprächsgruppen hier aufzulösen und der Rednerin Gehör zu schenken, oder Sie vertreten sich außerhalb des Saales die Beine."** RB

108 Momentaufnahmen

Fotographisches Panorama Große Reden, hitzige Debatten und launig-bissige Zwischenrufe, Streit, Kompromiss und Einigung: Das engagierte, unaufhörliche Ringen um die besten Entscheidungen zum Wohle Hamburgs wird im Plenarsaal während der Sitzungen des Parlaments sichtbar. In den vergangenen vier Jahrzehnten hat Michael Zapf dies in seinen Fotografien festgehalten.

1

2

1 | Auf der Präsidiumsbank: Bürgerschaftspräsident (1978-1986) Peter Schulz (SPD) (> Nr. 55), Alterspräsidentin (1974-1993) Charlotte Fera (CDU).
2 | In der Senatsbank: Christa Goetsch (GAL) neben ihrem Koalitionspartner (2008-2011), dem Ersten Bürgermeister Ole von Beust (CDU).
3 | 1991: Die Abgeordneten der GAL-Fraktion kritisieren in Frack und Zylinder als „Bonzen" verkleidet die Diätenerhöhung und lassen falsche Geldscheine von der Tribüne flattern. Im Bild links: Simone Dietz, rechts: Krista Sager.

3

1 | 2001 in der Senatsbank: Justizsenatorin Lore Maria Peschel-Gutzeit (SPD), Senatssprecher Ludwig Rademacher, Innensenator Olaf Scholz (SPD).
2 | 2009: Am Redepult Jens Kerstan, damaliger Vorsitzender der GAL-Fraktion.
3 | In der Senatsbank sitzend: Christoph Ahlhaus (CDU), Erster Bürgermeister (von August 2010-Februar 2011), neben ihm stehend der Abgeordnete Frank Schira (CDU).
4 | Die SPD-Abgeordneten von links: Dr. Andreas Dressel (MdHB: 2004-2018) und Dr. Peter Tschentscher (MdHB: 2008-2011).

5 | Die Abgeordnete Britta Ernst (SPD, MdHB: 1997-2011). 6 | Dr.Henning Voscherau (SPD) (> Nr. 55), SPD-Fraktionsvorsitzender von 1982-1987.

| Rechts: Markus Wegner (STATT-Partei) (MdHB: 1993-1997). **8** | Anna von Treuen-
els-Frowein (FDP, MdHB seit 2011) mit einer Zwischenfrage. Diese werden über
as Saalmikrofon gestellt und sollen kurz, präzise und echte Fragen sein.
| Thomas Ebermann (GAL, MdHB: 1982-1987), rechts: Ulla Jelpke (GAL, MdHB:
981-1989). **10** | Ronald Schill (Partei Rechtsstaatlicher Offensive [PRO]),
weiter Bürgermeister und Innensenator von 2001-2003.

11 | Links: Dora Heyenn (DIE LINKE, MdHB: 2008-2020, ab 2017/2018 SPD), dahinter: Antje Möller (Bündnis 90/DIE GRÜNEN, MdHB: 1993-2020), rechts: Christiane Schneider (DIE LINKE, MdHB: 2008-2020). **12** | Ende der 1980er-Jahre: Von links: Klaus Lattmann (CDU, MdHB: 1966-1997), stehend: Dr. Frank-Michael Wiegand (FDP, MdHB: 1987-1993), Dr. Martin Willich (CDU, MdHB: 1974-1995), vorne rechts: Hartmut Perschau (CDU, MdHB: 1974-1989).

1 | 1997: Bildung des ersten rot-grünen Senats: Krista Sager (GAL), Zweite Bürgermeisterin, Ortwin Runde (SPD), Erster Bürgermeister. **2 |** Am Redepult: Erster Bürgermeister (von 1981-1988) Dr. Klaus von Dohnanyi (SPD). **3 |** Ein Zwischenruf: Dirk Kienscherf (SPD, MdHB seit 2001). Zwischenrufe sorgen für den nötigen Pfeffer, aber auch manchmal für Misstöne in stundenlangen Debatten. Beispiele: „Nein, wir sind alle noch nüchtern." „Das ist echt schmutzig, was Sie da sagen." „Sie müssen sich nicht verbiegen." **4 |** 10.02.2010: „Nix da!" Verbotene Demonstration auf einer der Zuschauerlogen.

5 | Karl-Heinz Ehlers (CDU, MdHB: 1970-2004) mit der Sitzfläche seines Abgeordnetenstuhls. **6 |** Dennis Thering (CDU, MdHB seit 2011).

7 | Der Erste Bürgermeister Olaf Scholz (SPD) (2011-2018) am Redepult, dahinter das Bürgerschaftspräsidium. 8 | Katja Suding (FDP, MdHB: 2011-2017) und André Trepoll (CDU, MdHB seit 2004). 9 | Dirk Nockemann (PRO, ab 2013 AfD, MdHB: 2001-2003, seit 2015). 10 | Im Plenarsaal an der Wahlurne: Norbert Hackbusch (DIE LINKE, MdHB von 1993-2001, für die GAL bis 1999, dann parlamentarische Gruppe Regenbogen bis 2001, seit 2008 für DIE LINKE).

11 | Im Plenarsaal: Bürgerschaftspräsidentin Carola Veit (SPD) vorne rechts bei der Vereidigung des rot-grünen Senats am 28.03.2018. 12 | Abgeordnete der Fraktion Bündnis90/Die Grünen mit Mundschutz in Pandemie-Zeiten. Links: Dominik Lorenzen (MdHB: seit 2018), daneben Jennifer Jasberg (MdHB: seit 2020), dahinter: Michael Gwodz (MdHB: 2008-2011, seit 2020).

109 Für müde Füße

Der Schemel Ein kaum sichtbares, aber nützliches Detail für alle, die gern ihre Füße unter der Abgeordnetenbank auf einen kleinen Schemel hochlegen möchten. **RB**

110 Ordnungsruf

Die Glocke der Bürgerschaftspräsidentin/des Bürgerschaftspräsidenten Unter den Geschenken, die die Bürgerschaft zur Eröffnung des Rathauses erhielt, befindet sich auch die bis heute benutzte Glocke. Auf ihr ist zu lesen: „Dem Herrn Präsidenten der Bürgerschaft" – ein Geschenk der damaligen „Fraktion der Linken" (> Nr. 102).

Die amtierende Bürgerschaftspräsidentin (> Nr. 111 , Nr. 116) läutet damit den Beginn der Bürgerschaftssitzung ein. Im Laufe der Sitzung kommt die Glocke zum Einsatz, um Unruhe im Saal zu unterbinden. Zudem nutzt die Bürgerschaftspräsidentin die Glocke, um sich an die Rednerinnen und Redner zu wenden: um zu fragen, ob Zwischenfragen zugelassen sind, um sie zu ermahnen, zur Sache zu sprechen – oder um auf das Ende der Redezeit hinzuweisen. **RB**

111 Die Erste/Der Erste im „Staat“

Stuhl der Bürgerschaftspräsidentin/des Bürgerschaftspräsidenten mit Waage Der Stuhl steht auf der Präsidialtribüne mit Blick in den Plenarsaal. Er „überragt[e] die Nachbarstühle beträchtlich, sein Wappen zeigt eine Waage als Mahnung an die Aufgaben [des] Amtes“[1].
Die Präsidentin/Der Präsident der Bürgerschaft ist die/der ranghöchste Repräsentantin/Repräsentant der Freien und Hansestadt Hamburg und rangiert bei Protokollfragen sogar noch vor dem Ersten Bürgermeister. Die Bürgerschaftspräsidentin/Der Bürgerschaftspräsident vertritt die Interessen des gesamten Parlaments und repräsentiert die Bürgerschaft in der Öffentlichkeit. Außerdem ist sie/er Hausherrin/Hausherr über die Räumlichkeiten, die sich auf der Bürgerschaftsseite des Rathauses befinden (> Nr. 110, Nr. 116). Es ist ihr/sein Auftrag, das Parlament und seine Mitglieder in ihren Rechten zu schützen und die Würde der Bürgerschaft zu wahren. Sie/Er achtet unparteiisch über die Einhaltung der Geschäftsordnung und sorgt für angemessenes Verhalten im Haus. Zu ihren/seinen Aufgaben gehört die Leitung der Bürgerschaftssitzungen, unterstützt wird sie/er dabei von Vizepräsidentinnen/Vizepräsidenten. RB

112 Durch die Blume

Der Panneau Zur Eröffnung des Rathauses übergaben Hamburger Damen der Gesellschaft der Bürgerschaft einen dreiteiligen Panneau – eine Tafel, die mit dunkelgrünem Samt bespannt und mit dem Hamburger Staatswappen, umgeben von Anemonen und Margeriten, bestickt ist. Darunter ist zu lesen: „Gestiftet von Hamburgs Frauen 1897“. Der 2,55 Meter breite und 2,70 Meter hohe Wandschmuck wurde hinter dem Sitz des Bürgerschaftspräsidenten angebracht. Parallel erhielt auch der Senat einen Wandschmuck (> Nr. 45), und so eroberten sich Hamburger Damen, die damals noch keine politischen Rechte hatten, wenigstens symbolisch einen Platz im Rathaus.

1937 ließen die Nationalsozialisten allen Schmuck der Präsidialtribüne beseitigen. Der Panneau wurde durch geschnitzte Tafeln ersetzt und verschwand auf dem Dachboden des Rathauses. Erst Ende der 1970er-Jahre ließ der damalige Bürgerschaftspräsident Peter Schulz (> Nr. 55) ihn für das Präsidentenzimmer aufarbeiten. Später wurde er wieder hinter dem Sitz der Bürgerschaftspräsidentin bzw. des Bürgerschaftspräsidenten angebracht. RB

Blick von der Zuschauertribüne in den Plenarsaal.

113 Etage für die Öffentlichkeit

Die Zuschauertribüne Auf der Bürgerschaftsseite im zweiten Obergeschoss führen zwei Stichgänge zu der Zuschauertribüne (> Nr. 27). Sie befindet sich ein wenig zurückgesetzt über der Pressetribüne.

Wer sich vorab eine kostenlose Einlasskarte besorgt, kann hier Bürgerschaftssitzungen beiwohnen, die grundsätzlich öffentlich sind (> Nr. 94). Es gibt allerdings Ausnahmen: Wenn ein Zehntel der Abgeordneten eine nicht öffentliche Sitzung beantragt und die Bürgerschaft dies beschließt, ist die Öffentlichkeit ausgeschlossen.

Termine und Themen der jeweiligen Sitzungen werden vorab unter www.hamburgische-buergerschaft.de veröffentlicht. Während der Sitzungen gelten strenge Regeln – auch für Besucherinnen und Besucher. So sind Buhrufe, Klatschen und sonstige Störungen untersagt. RB

Bürgerschaftstreppenhaus

Kindheit

114 Ein Hamburger Leben

Bilderreigen Man muss den Kopf ein wenig in den Nacken legen, um diese Bilderserie zu betrachten: Im Bürgerschaftstreppenhaus, hoch oben unter der Decke, ist ein langgezogener Bilderfries zu sehen, den die Parlamentarierinnen und Parlamentarier auf ihrem Weg in den Plenarsaal passieren. In elf Stationen präsentiert er den „idealen Lebenslauf" eines Hamburger Bürgers im Kaiserreich.

Es sind Szenen einer glücklichen Kindheit, die hier gezeigt werden: Ein Engel wacht über den Säugling in der Wiege. Auf dem nächsten Bild ist er zu einem Jungen herangewachsen, der mit einem älteren Mädchen spielt. Die Jugend ist von Spiel und Ernst geprägt: Von der Mutter behütet, sitzt der Junge an einem Tisch und lernt für die Schule. Ein Bienenkorb symbolisiert den Fleiß des Kindes, das vermutlich viel lieber mit Schiffchen und Schaukelpferd spielen oder mit dem Freund auf Schmetterlingsjagd gehen würde. Denn die unbeschwerten Jahre währen nicht ewig, darauf verweist auch der in den Tisch geschnitzte Kommentar: „Im Spiel und fleißig Lernen verging der Jugend Lust". Am rechten Bildrand gibt der Vater den Sohn als Lehrling in die Obhut eines Schmieds – der Eintritt in die Welt der erwachsenen Männer. In der Schmiede dominieren traditionelle

Jugendjahre

Ideale von männlicher Kraft und uralter Handwerkskunst im Feuerschein. Bei seinem Meister reift der zarte Knabe zu einem kräftigen Jüngling heran, der sich bald von seinen Eltern verabschiedet, um seine Gesellen- und Wanderjahre zu beginnen. Im Hintergrund weint eine junge Frau, vielleicht seine künftige Braut, die auf ihn warten wird, während er mit dem Wanderstab die Welt erkundet: „Mit dem Hute in der Hand, kommt man durch das ganze Land."

Auf die Wanderjahre folgt der Militärdienst, von dem der junge Mann auf dem nächsten Bild heimkehrt – gefolgt von einer Art Schutzengel mit Schwert, der das Hamburger Stadtwappen auf der Brust trägt, vor ihm steht ein Schild, der den ▶

Gesellen- und Wanderjahre

Oben: Militärdienst, unten: Hochzeit

Reichsadler zeigt. Es ist nicht ganz klar, wer die androgyne Gestalt ist, die Stadtgöttin Hammonia (> Nr. 12) jedenfalls ist stets eindeutig als Frau dargestellt. Tatsächlich wurde das Hamburger Bürgermilitär 1868 aufgelöst und durch die allgemeine Wehrpflicht des Deutschen Reiches ersetzt. Nachdem er seinen Militärdienst geleistet hat, darf sich unser Bürgersmann nun um die Gründung eines eigenen Hausstandes kümmern und die junge Frau aus ihrem bisherigen Hintergrunddasein herausführen: „Und wirb als braver Mann um einer Edlen Hand", steht auf der Bank, auf der wohl das Brautwerbegespräch stattgefunden hat. Es folgt die Hochzeit des jungen Mannes, getreu dem Sinnspruch: „Wer früh gefreit, dem hat's noch nie gereut." Nun steht die Braut im Bildvordergrund. Sie verkörpert das Idealbild der züchtigen Jungfrau, deren treues Warten auf den Zukünftigen belohnt wird. Den beiden Brautleuten singt ein fünfköpfiger Blumenkinderchor ein Lied – wohl auch ein Hinweis auf den erhofften Kindersegen. Die Zustimmung der Gesellschaft symbolisieren im Hintergrund zwei ältere bärtige Männer, vielleicht die Brautväter, die auf dem Absatz einer Treppe stehen, wie sie auf der Senatsseite des Hamburger Rathauses zu finden ist: die Treppe in der Brautdiele (> Nr. 125). Die Überhöhung der Eheschließung als erstes großes Lebensziel der Frau hat auch mit ihrem damaligen Rechtsstatus zu tun: Von 1603

bis zum Erscheinen des Bürgerlichen Gesetzbuches um 1900 war im Hamburger Stadtrecht festgeschrieben, dass alle Frauen „unmündig zu halten“ seien. Während Frauen im Hochmittelalter noch eine gewisse Verfügungsgewalt über ihr eigenes Vermögen gehabt hatten, so sorgte die kaufmännische Oberschicht dafür, dass sich die rechtliche Stellung der Frau im Laufe der Jahrhunderte ständig verschlechterte: Frauen standen unter männlicher Vormundschaft, und ihre Mitgift ging bei der Eheschließung in die Obhut des Ehemannes über. Eine Ursache für diese Entmündigung – und de facto Enteignung – war der zunehmende Bedarf an „Kapital für Investitionen“ in der wachsenden Handelsstadt.[1)]

An zentraler Stelle über den Eingängen zum Vorsaal der Bürgerschaft (> Nr. 92) ist zu sehen, wie der junge Mann den Bürgereid (> Nr. 17) leistet, der den Eintritt ins Hamburger Bürgertum markiert. Dazu schreibt Heinz-Jürgen Brandt: „Das Leben des Mannes erreicht mit dem Bürgereid seinen politischen Höhepunkt: Meister und Geselle reichen sich über einem goldenen Wappen, das eine Schwurhand zeigt, die Hände.“[2)] Verheiratet und als Bürger vereidigt, wendet sich der Mann der Familiengründung zu. Auf dem nächsten Bild sitzt der offensichtlich gereifte Mann mit seiner Frau am Esstisch, die ein kleines Kind – wohl den Stammhalter – im Arm hält und füttert. Eine junge Frau trägt die dampfende Mahlzeit in schlichtem Geschirr auf. In die Tischdecke ist eine Bitte aus dem Vaterunser gewebt: „Unser täglich Brot gib uns heute“. Eine Sanduhr gemahnt an die Vergänglichkeit des Lebens. Ein wachsamer Rüde, wohl eine Deutsche Dogge, hat das Familienidyll wachsam im Blick. Ein Familienidyll mit Vorbildcharakter – oben rechts im Bild ist eine Tafel mit der Inschrift zu sehen: „Du findest auf diesem Weg Glück und Zufriedenheit.“

Auf dem nächsten Bild lehnt der Mann lässig an zwei Kisten, auf denen „Export“ und „Import“ steht. Er ist nun offensichtlich im Handel tätig, genauer gesagt im Handel mit Kolonialwaren – und führt Verhandlungen mit orientalisch gekleideten Geschäftsleuten. Zu sehen sind Elfenbein, Teppiche, Schildkrötenpanzer und eine Wasserpfeife. Da Waren aus Kolonien auch über den Hamburger Hafen importiert wurden, profitierten Hamburger Kaufleute vielfach von der deutschen Kolonialherrschaft. Die „Import“-Kiste ist mit einem Davidstern versehen – „eine Reverenz vor dem Beitrag jüdischer Kaufleute zur Blüte Hamburgs seit dem 16. Jahrhundert“[3)], schreibt der Historiker Jost Grolle. Während der Herrschaft des Nationalsozialismus wurde der Stern durch eine aufgemalte Windro-

Bürgereid

Familienleben, darunter: Handel

Bauen

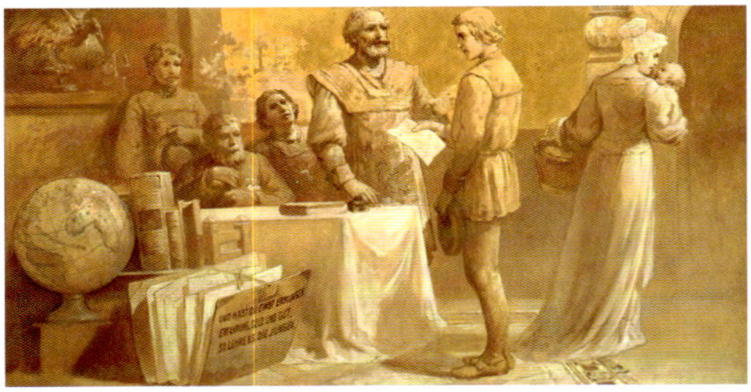

Wissenschaft und Lehre

Alter und Tod

se unkenntlich gemacht. Zum Kaufmann avanciert, kann unser Bürger sich den Bau eines Hauses leisten – und wird auf dem nächsten Bild als Bauherr auf einer Baustelle dargestellt, in Begleitung von zwei Männern mit Planrollen, wahrscheinlich Baumeister. Mit dem Hausbau sichert er seinen Platz in der Gesellschaft auch für die Zukunft. In eine Steinplatte ist der Spruch gemeißelt: „Bauen und Erhalten ist Ehrenmannes Zweck“. Das Reiterdenkmal im Hintergrund ehrt Wilhelm I., Reichsgründer und erster Kaiser des Deutschen Reichs. In Wirklichkeit wurde ein Kaiser-Wilhelm-Denkmal erst 1903 auf dem Rathausmarkt enthüllt.

Auf dem nächsten Bild präsentiert sich unser Bürger als Vertreter von Wissenschaft und Lehre. Ein ausgestopfter Adler, eine Waage, ein Globus und andere Details stehen für die Welt der Wissenschaft. Auf einer Mappe mit Plänen, Zeichnungen ist zu lesen: „Und hast Du einst errungen Erfahrung, Geld und Gut, so lehre es die Jungen.“ Unser Bürger wird inmitten einer Männerrunde gezeigt, in der offenbar Wissen ausgetauscht wird. Davon ausgeschlossen bleibt die junge Frau, die mit einem kleinen Kind auf dem Arm diesen Ort der Wissenstradierung verlässt. Für sie gelten andere Weisheiten und Normen. Somit bleibt auch hier die geschlechtsspezifische Rollenverteilung unangetastet.

Das letzte Bild behandelt Alter und Tod. Es zeigt den Kaufmann als weisen Greis, der seine letzte Zeit im Kreise seiner Enkel verbringt. Links im Bild, vor einem jungen Baumspross, ist ein Knabe mit einer Armbrust zu sehen. Dem Großvater zu Füßen: ein Knabe mit Holzpferdchen, daneben ein Mädchen mit Puppe. An einem alten Baum lehnt versonnen ein Jüngling mit Wanderstab und Wasserflasche. Hinter der Mauer wohl ein junges Mädchen, das ebenfalls den Erzählungen des Großvaters lauscht. Die Botschaft: Alles bleibt beim Alten, alles kehrt wieder. Rechts im Bild folgt die letzte Station, die jedem beschieden ist, er mag nun ideal gelebt haben oder nicht: ein Grabstein mit Kranz, Palmwedel und der Inschrift: „Dein Herz in Frieden ruht“.

Geschaffen wurde der Wandfries von dem Maler Hermann de Bruycker (1858–1950), einem bekannten Porträtmaler, der auch Heidelandschaften malte und Märchen illustrierte. So schuf er die Illustrationen zum „Hamburger Märchenbuch“, das 1892 zugunsten der Waisen der Opfer der Cholera (> Nr. 122) herausgebracht worden war. Aber auch mit humoristischen Studien des Alltagslebens und Zeichnungen von Heinzelmännchen machte er sich einen Namen.

Auf diesem Fries beschwört de Bruycker eine altdeutsche Vergangenheit mit vermeintlich zeitlos gültigen Werten – mit blühendem Zunftwesen, stabilem Gemeinwesen und patriarchalen Strukturen in Politik und Familie. Doch zur Zeit des Rathausbaus brodelte es in der Gesellschaft. Traditionelle Machtstrukturen wurden von Teilen der Gesellschaft infrage gestellt, soziale Ungerechtigkeit führte zu Unruhen, die Arbeiterschaft begann, Mitspracherechte einzufordern (> Nr. 16). Von all diesen Entwicklungen ist auf diesem Bilderfries nichts zu sehen. Vielmehr verkörpert es ein Ideal, das schon damals von der Wirklichkeit überholt war.

In den 1930er-Jahren wurde de Bruyckers Werk von Kreisen, die nationalsozialistische Gedanken vertraten, geschätzt.

RB und BK

115 Rede und Antwort

Raum 151 Es ist Dienstag Mittag, im Hamburger Rathaus bedeutet das: Zeit für die Landespressekonferenz. Jede Woche finden sich eine Handvoll Journalistinnen und Journalisten im Raum 151 ein, die Politikerinnen und Politiker müssen sich der Presse stellen. So schafft der Raum eine Art „Membran“ zwischen Rathaus und interessierter Öffentlichkeit. Zwar wird in der Regel eher nüchtern und sachlich referiert, doch hin und wieder wird es hinter den Mikrofonen auch mal emotional. Dann drängen sich Dutzende Reporterinnen und Reporter zwischen den Fernsehkameras im Presseraum, um ja nichts zu verpassen. Darüber hinaus treffen sich in der 151 die Mitglieder der Fraktionen und Ausschüsse, wie z. B. des Haushalts-, Innen- oder Wissenschaftsausschusses. JG

Im Blitzlichtgewitter gibt der Erste Bürgermeister Ole von Beust 2004 auf einer Pressekonferenz das Ende der Koalition mit der „Schill-Partei“ und der FDP bekannt.

Amstzimmer der amtierenden Bürgerschaftpräsidentin Carola Veit (SPD).

116 Amtszimmer der Bürgerschaftspräsidentin/ des Bürgerschaftspräsidenten

Im ersten Stock des Bürgerschaftstraktes befindet sich das Amtszimmer der Bürgerschaftspräsidentin/des Bürgerschaftspräsidenten. Sie/Er hat vielfältige Aufgaben zu erfüllen (> Nr. 110, Nr. 111), ist die/der „Chefin“/“Chef“ der Bürgerschaftsverwaltung und führt u.a. die Verhandlungen und den Schriftwechsel zwischen Bürgerschaft und Senat. Im Amtszimmer empfängt die Präsidentin/der Präsident z. B. wichtige Gäste. Zu ihren/seinen Befugnissen gehört es, zwischen den Fraktionen zu vermitteln und sich neutral um die Belange aller Abgeordneten zu kümmern. Sie/Er kann auch die Bannmeile, in der 350 Meter um das Rathaus herum politische Kundgebungen verboten sind, wenn die Bürgerschaft tagt, für Versammlungen und Aufzüge aufheben. RB

117 Kurze Wege

Tür zur Handelskammer Schmucklos, aber solide und in ihrer Schlichtheit würdevoll wirkt die kassettierte Holztür, die im ersten Stock des Rathauses eine Verbindung zur unmittelbar benachbarten Handelskammer, der früheren Börse, herstellt. Viel wurde darüber sinniert, inwieweit die unmittelbare Nähe von Hamburger Rathaus und Handelskammer die tatsächliche Verbindung von politischer und wirtschaftlicher Macht zum Ausdruck bringt. Wie oft die Verbindungstür tatsächlich geöffnet und durchschritten werden mag, lässt sich wohl kaum klären. Sicher ist jedoch, dass jeweils am Silvestertag der Erste Bürgermeister durch diese Tür trockenen Fußes hinüber in die Handelskammer gelangt, wo er von deren Präses begrüßt wird. Immer am letzten Tag des Jahres tagt dort die Jahresschlussversammlung der

Versammlung Eines Ehrbaren Kaufmanns. Die Festrede hält jeweils der Präses, der diese Gelegenheit nutzt, um sich mit der Politik der Stadtregierung auseinanderzusetzen, was durchaus pointiert sein kann. Bürgermeister und Senat sind zwar eingeladen, müssen aber schweigen, denn hier haben sie kein Rederecht. Vermutlich wird mancher Bürgermeister deshalb wohl froh gewesen sein, wenn er nach dem Ende der Versammlung wieder durch die Tür ins Rathaus treten konnte, wo er es ist, der das Wort hat. Dass auch Traditionen nicht unveränderlich sind, trat am 31. Dezember 2017 zutage, als Hamburgs damaliger Erster Bürgermeister Olaf Scholz (geb. 1958) zu den etwa 1800 geladenen Gästen sprach. Für so manche war diese erste Bürgermeister-Rede seit 500 Jahren ein Tabubruch. MG

Stumme Zeitzeugen: Zahlreiche Gipsfiguren, die früher als Modelle für die Rathausfassade dienten, lagern heute im Kellergeschoss des Rathauses.

8. DER KELLER

Im Vergleich zum prächtigen Interieur des Gebäudes wirkt ein Teil des Rathauskellers vielleicht etwas schmucklos. In einem anderen Teil sieht es aber schon wieder pompöser aus, denn hier befindet sich ein Restaurant, der Ratsweinkeller. Und auch von diesem gibt es wundersame Geschichten zu erzählen: von „Bunten Kühen“ bis zum Grundstein des Rathauses selbst.

118 Rumpelkammer der Geschichte

Gipsfiguren Im Keller des Rathauses findet sich ein kleines Kabinett ausrangierter Gipsfiguren. Sie dienten einst als Modelle für die Statuen und Büsten, die heute in Kupfer, Bronze oder Sandstein das Innere und Äußere des Rathauses zieren. Als sie nicht mehr benötigt wurden, hat man sie in den Keller verfrachtet – was nicht alle schadlos überstanden haben. Seither stehen sie hier unten dicht an dicht – vom Steuermann bis zum Senator. MB

Blick in den historischen „Ratsweinkeller“ von damals.

119 Außenparlamentarischer Treffpunkt

Der Ratsweinkeller Von der Rathausdiele (> Nr. 95) aus führen zwei Treppenaufgänge zur Bürgerschaft. In ihrer Mitte geht man acht Stufen abwärts, tritt durch ein schmiedeeisernes Tor und steht in einem Restaurant, das früher unter dem Namen „Ratsweinkeller“ bekannt war – und von vielen Hamburgerinnen und Hamburgern bis heute so genannt wird.

Inneneinrichtung und Dekoration des Ratsweinkellers wurden im Laufe der Jahrzehnte immer wieder mal verändert und aufgefrischt. 2006 jedoch, nachdem der damalige Pächter seinen Vertrag gekündigt hatte, versteigerte man kurzerhand einen Großteil des historischen Inventars, insgesamt rund 40 000 Gegenstände, darunter handgeschnitzte Tische und Bänke, Teller und Tassen, Leuchter und Lampen, Wappen, Gläser und Bestecke. Einige Gegenstände wurden von Hamburger Gastronomen übernommen, Schauspielerlegende Jan Fedder rettete alte Schiffsmodelle, die den Ratsweinkeller einst zierten. Die Welt wunderte sich mit ihm: „Er wie viele andere schüttelten den Kopf und äußerte Unverständnis für Senat und Bürgerschaft, die tatenlos zusahen, wie Hamburgensien in alle Winde verstreut wurden.“ [1]

Der Ratsweinkeller heißt heute Parlament. Die Namen der Räume erinnern aber noch an das altehrwürdige Etablissement. Sie heißen Remter (wie ein klösterlicher Speisesaal). Hier sind noch die alten humorvollen Wandmalereien und Trinksprüche an den Wänden zu sehen. Auch gibt es noch die Rose – wegen der Reigen tanzenden, in farbenfrohe Gewänder gekleideten Mädchengestalten, die die Wände zieren (> Nr. 121), den Raum Sonne, weil er einst von einem imposanten Kristallleuchter beschienen wurde, die Bunte Kuh, nach dem hanseatischen Kriegsschiff „Bunte Kuh von Flandern“ benannt, und den Grundsteinkeller, weil er den Grundstein des Rathauses beherbergt (> Nr. 120). RB

abschließen."[1)]

So beschreibt Heinz-Jürgen Brandt den 600 Quadratmeter großen Grundsteinkeller im Ratsweinkeller direkt unter der Rathausdiele, der bis heute für Veranstaltungen aller Art genutzt wird.

Eine ganz besondere Bedeutung kommt der mittleren Koje an der inneren Längswand zu, beherbergt sie doch den Grundstein des Rathauses, einen „mächtigen grauvioletten Granitblock von sarkophagartiger Form". An der Seite des Blocks ist das Datum der Grundsteinlegung eingraviert: VI. Mai MDCCCLXXXVI. Auf einem bronzenen Kissen darauf ruhen einige stilisierte Werkzeuge, und auf einer schwarzen Granittafel ist zu lesen: „Mit Gottes Gunst durch Menschen Hände, kommt auch ein schwierig Werk zu Ende."

Als der Grundstein zusammen mit einer Kassette, darin enthalten eine Urkunde und verschiedene Tageszeitungen, am 6. Mai 1886 feierlich

Der Grundstein in der Grundsteinnische.

120 Geburtsstunde

Der Grundstein „Über mächtigen viereckigen Pfeilern, welche die Dielenpfeiler tragen, wölbt sich eine flache Tonne; die Seitenschiffe öffnen sich zu 14 etwas höher gelegenen kapellenartigen Kojen. Während die Mitte nach Bedarf als öffentlicher Schankraum oder für größere Bankette verwendet werden kann, dienen die Kojen einzelnen Verbänden als Stammtische oder werden vermietet. Sie lassen sich gegen den Mittelraum durch Vorhänge

in den Boden eingelassen wurde, war der Rathausmarkt noch unbebaut. An dem Festakt nahmen 1500 Gäste und Interessierte teil. Bis das Rathaus fertig war, dauerte es allerdings noch elf Jahre. Erst am 26.10.1897 konnte es eingeweiht werden: Unter anderem ein Bauarbeiterstreik 1889 und das Ausbrechen der Cholera-Epidemie 1892 (> Nr. 122) hatten immer wieder für Verzögerungen beim Bau gesorgt. RB

121 Hallers Tafelrunde

Das Gemälde der Baumeister von Julie de Boor Im Vorraum zum Zimmer Rose hängt ein Gruppenbild mit sieben Herren, die dem „Rathausbaumeisterbund" angehörten (s. das Bild auf S. 27). Gestiftet und gemalt wurde es von der Künstlerin Julie de Boor (1848–1932). De Boor war dank der Unterstützung durch ihren Mentor, den Bürgermeister Dr. Carl Friedrich Petersen (1809–1892) (> Nr. 45, Nr. 77), sowie dank der Pflege gesellschaftlicher Beziehungen zu einer beliebten Porträtmalerin avanciert.

Über dem Bild ist ein Spruchband zwischen Pfingstrosen zu sehen: „Die Liebe zu der Vaterstadt schuf diese Tafelrunde; im Kampfe für ein hohes Ziel erstarkte sie zum Bunde, dass Treue war so fest gefügt, wie dieses Hauses Steine, sonst stände dieses Rathaus nicht, Du säßest nicht beim Weine."

Der „Rathausbaumeisterbund" war 1879 auf Initiative von Martin Haller gegründet worden, nachdem der Entwurf der Architektengemeinschaft Mylius & Bluntschli aus Frankfurt, die den letzten Rathausbauwettbewerb gewonnen hatte, nicht realisiert werden konnte. Als Grund wurden die „komplizierten Raumforderungen", die sich nur schwer „mit der Größe des Bauplatzes […] in Übereinstimmung bringen"[1] ließen, genannt. Haller war der Meinung, dass der Bau nur gelingen könne, wenn sich mehrere gleichgesinnte Architekten zusammentun. In den Bund aufgenommen wurden jene fünf Hamburger Architektenfirmen, deren Entwürfe beim letzten Wettbewerb in die engere Auswahl gekommen waren.

Ohne einen Auftrag dazu erhalten zu haben, entwickelte der „Rathausbaumeisterbund" in fünfjähriger Arbeit einen Entwurf, den er dem Senat zu Weihnachten 1880 übergab. Es folgte ein zweiter Entwurf zu Weihnachten 1884, dem Senat und Bürgerschaft im Sommer 1885 schließlich zustimmten. Und so schlossen die Rathausbaumeister und die Bauherrin, die Hansestadt Hamburg, vertreten durch die Rathausbaukommission, einen Vertrag zum Bau. In dieser Zeit wurde der Architekt Martin Haller Abgeordneter der Fraktion der Rechten der Hamburgischen Bürgerschaft und blieb dies bis 1900 (> Nr. 102).

Nachdem der Bau des Rathauses abgeschlossen war, notierte Martin Haller, Sohn des Bürgermeisters Nicolaus Ferdinand Haller, dessen Büste im Bürgermeistersaal (> Nr. 69) steht, selbstbewusst: „Ich will hier freimütig äußern, dass diese Hafenstadt ohne meine an Opfern reiche Hingebung schwerlich so rasch und verhältnismäßig so einwandfrei in den Besitz eines neuen Rathauses gelangt wäre."[2] RB

Die Malerin Julie de Boor anlässlich des 40-jährigen Gedenktages in der Grundsteinnische des Grundsteinkellers (> Nr. 120). Von links nach rechts: Gustav Zinnow, Emil Meerwein, Julie de Boor, Hermann Geissler, Senator Roscher, Staatsrat Hagedorn.

Ein Hauch mediterranes Flair und Grandezza in der Hansestadt: Der offene Innenhof des Rathauses aus der Luft.

9.

DER INNENHOF

Der Rathausinnenhof ist für alle zugänglich. Steinerne Löwen (> Nr. 33) bewachen die Zugänge am Alten Wall und an der Großen Johannisstraße. Bis 2001 diente er als schnöder Parkplatz für die Dienstwagen, heute zählt er zu einem der schönsten Plätze der Innenstadt und lädt zum Verweilen ein. In der Mitte des Innenhofs plätschert der Hygieia-Brunnen (> Nr. 122). Den hinteren Abschluss des Hofes bildet die Rückfront des Gebäudes der Handelskammer.

122 Wasser marsch!

Hygieia-Brunnen Hygieia, Göttin der Gesundheit, steht auf einer Säule und reckt eine Schale hoch empor, zu ihren Füßen ein Drache, der mitansehen muss, wie sich daraus frisches, reines Wasser in einen dreistufigen Brunnen ergießt. Um das unterste, nahezu ebenerdige Becken sind sechs Bronzefiguren gruppiert, die die Bedeutung des Wassers demonstrieren, beispielsweise für die Schifffahrt und die Fischerei. Ursprünglich sollte den 1896 erbauten Brunnen im Innenhof des Rathauses Merkur, Gott des Handels, krönen. Aber nach der Cholera-Epidemie, die vier Jahre zuvor in der Hansestadt gewütet und über 8600 Menschen das Leben gekostet hatte, schien es Martin Haller (> Nr. 102, Nr. 121), dem obersten Rathausarchitekten, passender zu sein, an dieses dunkle Kapitel Hamburgs zu erinnern. Die Epidemie hatte schmerzhaft gezeigt, wie wichtig sauberes Wasser ist und was passiert, wenn es daran fehlt. Und so schuf Joseph von Kramer den Brunnen als Zeichen des Sieges der Gesundheit (Hygieia) über Krankheit und Tod (der Drache).

Das Tragische ist, dass die Katastrophe wohl zu verhindern gewesen wäre, hätte man ärztliche Warnungen ernst genommen. Erste Cholera-Verdachtsfälle Mitte August 1892 waren von der Politik jedoch als „Brechdurchfall" abgetan worden, ein Zusammenhang mit verunreinigtem Trinkwasser wurde schlicht verneint – man wollte kein Aufsehen, schließlich hätten Ein- und Ausfuhrverbote den Handel gefährdet. Zudem hätte man sich eingestehen müssen, dass man die Modernisierung der sanitären Infrastruktur immer wieder verschleppt hatte, etwa um für viel Geld ein neues Rathaus und andere Gebäude errichten zu lassen. So konnte sich die Epidemie binnen weniger Wochen in dramatischer Geschwindigkeit ausbreiten, täglich steckten sich Hunderte an. Schnell waren die Krankenhäuser überlastet, und die Toten konnten nur mehr in Massengräbern bestattet werden.

Robert Koch, Direktor des preußischen Instituts für Infektionskrankheiten in Berlin, der am 24. August nach Hamburg geeilt war, zeigte sich entsetzt über die hygienischen Verhältnisse, etwa im Gängeviertel, in dem dicht gedrängt vor allem Hafenarbeiter mit ihren Familien lebten: „In keiner anderen Stadt habe ich solche ungesunden Wohnungen, Pesthöhlen und Brutstätten angetroffen." Koch ordnete ein strenges Hygienemanagement an: Die Bevölkerung sei über Tank- und Brauereiwagen mit sauberem Trinkwasser zu versorgen und per Flugblätter und Plakate aufzuklären; Schulen, Tanzhallen und andere Vergnügungsstätten seien zu schließen. Danach dauerte es noch drei Monate, bis die Zahl der Neuansteckungen zurückging.

In der Folge dieser Katastrophe stellte die Stadt endlich die schon seit Jahren von Experten geforderten Filtrieranlagen für das Elbwasser fertig (in Altona gab es diese 1892 längst, weswegen dort auch nur verhältnismäßig wenig Menschen an Cholera erkrankten). Außerdem wurden das heute noch existierende Institut für Hygiene und Umwelt gegründet, die Ärztekammer und das Bernhard-Nocht-Institut für Tropenmedizin.

Knapp 130 Jahre später ist die Botschaft des Brunnens aktueller denn je: Auch in der Corona-Pandemie geht es um Hygiene, um Abstand, um Kontaktreduzierung. Anders als damals berät sich der Senat heute jedoch mit wissenschaftlichen Experten und folgt den Empfehlungen des Robert Koch-Institutes, sicherlich zur Zufriedenheit des Namensgebers. SW

Hygieia, Göttin der Gesundheit.

123 Schläge und Schikane als täglich Brot

Küchenjunge | Kinderarbeit war in früheren Jahrhunderten gang und gäbe. Bereits Neunjährige schufteten in Bergwerken, Webereien, Manufakturen, Fabriken und in der Landwirtschaft. Eine Kindheit, geschweige denn eine Erziehung, wie sie unseren Kindern garantiert ist, gab es für die Masse der Kinder und Jugendlichen damals nicht.

Sie waren in ihren Familien zusätzliche Esser. Spätestens mit 13 Jahren wurden sie in die Welt der Erwachsenen gestoßen. Der Spruch „Lehrjahre sind keine Herrenjahre“ war harte Wirklichkeit. Wer diesen Parkour des Lebens ohne größere Schäden überstanden hatte, war als Geselle noch lange nicht Herr seiner Zukunft. Die Zünfte und Stände entschieden, wer eine Runde weiterrücken durfte.

Der Küchenjunge war als Teil des Hauspersonals nach der herrschenden Gesindeordnung völlig rechtlos und auf Gedeih und Verderb seinem Dienstherrn ausgeliefert. Dieser bestimmte, ob und wie seine Arbeit entlohnt wurde, ob er mit einem Stück trocken Brot ins Bett ging oder eine karge Mahlzeit bekam. Der Küchenjunge stand morgens mit als erster auf und legte nach 16 Stunden harter Arbeit als einer der letzten sein Haupt auf ein Strohlager in der Nähe des Ofens.

Bildliche Darstellungen des Küchenjungen gab es zuhauf, der kleine Lausbub mit dem Löffel gehörte zum Kitschrepertoire der Malerei des 18. und 19. Jahrhunderts. Das Bildnis des Küchenjungen an der hinteren Fassade oberhalb des Ratsweinkellers (> Nr. 119) ist ein sensibles Kerlchen, das verlegen am Löffel leckt. Hoffen wir, dass seine Geschichte ein gutes Ende nahm. WB

124 „Es prüfe, wer sich ewig bindet“

Brautpforte | Im Innenhof des Rathauses findet sich auf der Senatsseite eine reich verzierte Tür, die von einem turtelnden Taubenpaar bekrönt ist. In den Nischen seitlich vor der Tür stehen sich zwei Bronzefiguren gegenüber. Es sind Adam, dem ein Hund treu zur Seite sitzt, und Eva mit der Schlange zu ihren Füßen.

Das erste Menschenpaar flankiert den Weg durch die „Brautpforte“, wie diese Tür genannt wird, weil der Rathausbaumeister Martin Haller (> Nr. 102, Nr. 121) dahinter ein Standesamt einrichten lassen wollte: Es war damals „um die räumlichen Verhältnisse der Hamburger Standesämter schlecht bestellt“[1]. Auf besonderen Wunsch und gegen eine Zahlung für die Armenkasse sollte man hier heiraten können. Wenn man unterwegs nicht die Lust verlor. Denn die Medaillons im Gebälk über der Pforte erzählen von wenig harmonischen Ehe-Szenen.

Eines zeigt Xanthippe, die angeblich zänkische Gattin des Sokrates. Das andere Blaubart, der dafür bekannt ist, dass er seine Frauen für ihre Wissbegierde ermordete. In dem freien Feld zwischen den beiden sollte eigentlich noch der Sinnspruch stehen: „Es prüfe, wer sich ewig bindet.“ Doch die Steinmetze wurden von der Rathausbaukommission gestoppt. Auch Xanthippes und Blaubarts Waffen – Pantoffel und Schwert – fielen der Zensur zum Opfer. „Die Darstellung solcher Schrecknisse“[2], so die offizielle Begründung, „könnte auf junge Brautleute eine schädliche Wirkung ausüben.“[3] Man fürchtete, die Darstellungen könnten Ehen verhindern und so das Bevölkerungswachstum in Hamburg bremsen. Auch die Figur im Gebälk über dem Eingang wurde verändert. Statt des ursprünglich geplanten Liebesgottes Amor wollte man hier den Hochzeitsgott Hymen sehen. Die größte Planänderung aber betraf die Nutzung des Raums. Hier wurde nämlich nie ein Standesamt eingerichtet. Martin Hallers Idee wurde von der Rathausbaukommission abgelehnt. Sie erlaubte nur den Bau einer Brautpforte sowie einer dahinterliegenden Brautdiele mit Brauttreppe und Brauttür. Heute kann doch im Rathaus geheiratet werden: einmal im Monat finden im Phönixsaal (> Nr. 60) Trauungen statt. **RB und BK**

125 Alles Liebe

Brautdiele Hinter der Brautpforte geht es in die Brautdiele, einen kleinen Raum, in dem sich nichts weiter befindet als die marmorne Brauttreppe. Über sie gelangt man zu einer reich verzierten Brauttür, hinter der sich allerdings kein Trauungszimmer befindet, sondern das Senatstreppenhaus. (> Kap. 4)

Die Brauttür schmücken Intarsien, eine Art Holzmosaik, dessen oberer Teil ein Liebespaar darstellt. In der Türleibung und um die Türnische herum sind Rosenranken zu sehen. Die Wand links von der Tür ziert das Bild einer Mutter, die ihren Säugling stillt. Auf der Wand rechts von der Tür sieht man einen Vater, der seine Kinder unterrichtet. Ein Schwalbenpaar symbolisiert Häuslichkeit, ein Brieftaubenpaar und Gott Amor, der seinen Bogen spannt, verkörpern die Liebe. Am schmiedeeisernen Geländer der Brauttreppe ist das Schillerzitat zu lesen: „Ehret die Frauen, sie flechten und weben, himmlische Rosen ins irdische Leben."

Der Umstand, dass die Brauttreppe direkt zum Senat führt, könnte als Symbol gelesen werden: Denn in den Senat schaffte es früher nur, wer einer alteingesessenen Hamburger Hanseatenfamilie angehörte. Seit Jahrhunderten wählten Hamburgs „tonangebende" Familien die Mitglieder des Senats aus ihrem Kreis (> Nr. 58). Einem aufstrebenden, machtbewussten Juristen oder Kaufmann aus dem niederen Bürgertum blieb nur eine Möglichkeit: Er musste selbst zu einem Teil einer solchen Familie werden – indem er eine Senatorentochter heiratete.

RB und BK

ANMERKUNGEN

Vorwort
1) Heinz-Jürgen Brandt: das Hamburger Rathaus. Hamburg 1957, S. 17.
2) Heinz-Jürgen Brandt, a. a. O., S. 39.

3 | Zwei Klöster im Untergrund
1) Vgl.: Silke Urbanski: Geschichte des Klosters Harvestehude „In valle virginum". Münster 1996, S. 68.
2) Vgl.: Ruth Schliemann: Die Hamburger Bettelordenskirchen, in: Volker Plagemann (Hrsg.): Das Mittelalter in Hamburg. Bd.1. Hamburg 2000.

6 | Nie wieder Krieg
1) Stiftung Hamburger Gedenkstätten und Lernorte; https://gedenkstaetten-in-hamburg.de/gedenkstaetten/zeige/relief-von-ernst-barlach-auf-dem-kriegerdenkmal-am-rathausmarkt (abgerufen 7.4.2022).

7 | Erinnerung an die Opfer nationalsozialistischer Herrschaft
1) Ulrich Bauche: Max Mendel, in: Das jüdische Hamburg. Ein historisches Nachschlagewerk. Hrsg. vom Institut für die Geschichte der deutschen Juden. Göttingen 2006, S. 189.

16 | Die Rote Fahne am Rathaus
1) Vgl.: Volker Ullrich: Zwischen Burgfrieden und Novemberrevolution. Arbeiter und Arbeiterbewegung in Hamburg 1914-1919, in: Ulrich Bauche, Ludwig Eiber, Ursula Wamser, Wilfried Weinke (Hrsg.): „Wir sind die Kraft". Arbeiterbewegung in Hamburg von den Anfängen bis 1945. Katalogbuch zu Ausstellungen des Museums für Hamburgische Geschichte. Hamburg 1988, S. 100.

18 | Flagge zeigen
1) Vgl.: Regelungen zur Beflaggung in der Freien und Hansestadt Hamburg vom 21.6.1982. Zuletzt geändert am 26. Januar 2005. Veröffentlicht in Amtlicher Anzeiger S. 1278.

19 | „Fortschritt" und „Stetigkeit"
1) Heinz-Jürgen Brandt, a. a. O., S. 64.

21 | Symbol der Wehrhaftigkeit
1) Heinz-Jürgen Brandt, a. a. O., S. 65.

Vorspann: Turmhalle und Rathausdiele
1) Heinz-Jürgen Brandt, a. a. O., S. 69.

27 | Ein inklusives Rathaus
1) Vgl.: Ingrid Körner: Erfahrungen mit dem Wandel, in: Eva Bohne, Bettina Marquardt: Schritte des Wandels...in unserer Gesellschaft für Menschen mit Behinderungen und deren Angehörige, 2. Auflage. Hamburg 2011, S. 5.
   Vgl.: Eva Bohne: Was für ein Miteinander von Menschen mit und ohne Behinderungen - Einblicke in unsere jüngere Zeitgeschichte. Novum Verlag 2017, S. 22.

32 | Gammelfleisch: Der Funke zum Volksaufstand
1) Vgl.: Sven Philipski: Ernäherungsnot und sozialer Protest. Die Hamburger Sülzeunruhen 1919. Hamburg 2002, S. 80.

37 | Königliches Purpur
1) Christoph A. Hoesch: Die rote Spur. Kleine Kulturgeschichte des roten Teppichs. Hamburg 1989, S. 30.
2) Zit. nach Christoph A. Hoesch, a. a. O., S. 30.
3) Vgl.: Christoph A. Hoesch, a. a. O.

38 | „Good Govermamce" aus der Antike
1) Heinz-Jürgen Brandt, a. a. O., S. 72.
2) Ebenda.

Wo Hamburg regiert wird
1) Senatskanzlei: Landesregierung. Welche Aufgaben hat der Senat? unter: https://www.hamburg.de/politik-verstehen/1998236/senat/ (abgerufen 7.7.2022.)

53 | „Im Dienste für andere ...!"
1) Vgl.: Heinz-Jürgen Brandt, a. a. O., S. 78.

58 | Familiensaga
1) Jürgen Bolland: Senat und Bürgerschaft. Hamburg 1977, S. 26.

59 | Die Welt zu Gast in Hamburg
1) Vgl: Auflistung der Ehrengäste, die sich ins Goldene Buch eingetragen haben, unter: https://www.hamburg.de/goldene-buch/ (abgerufen 7.7.2022.)
2) Vgl.: Was passiert im Bürgermeisteramtszimmer? Unter: 360-Grad-Rundgang durch das Hamburger Rathaus. Erstellt vom NDR, Stand: 21.4.2020, unter: https://www.ndr.de/nachrichten/hamburg/360-Grad-Rundgang-durch-das-Hamburger-Rathaus,rathaustour100.html (abgerufen 7.7.2022.)

63 | Alte Liebe
1) vgl. Heinz-Jürgen Brandt, a. a. O., S. 86.

66 | Die wahren Helden
1) vgl.: Helga Kutz-Bauer: Rathausbau, Handwerk und Arbeiterschaft. Hamburg 1997, S. 50.
2) Die zitierte Publikation von Helga Kutz-Bauer bildet eine Ausnahme.
3) Hamburgischer Correspondent, Sonderbeilage, 26. 10.1897, zit. nach: Helga Kutz-Bauer, a. a. O., S.13.
4) vgl. Helga Kutz-Bauer, a. a. O., S. 64.

68 | Getrennt von den Müttern
1) Staatsarchiv Hamburg: Archiv des Waisenhauses. Kinderakten, Akte 1889 Nr. 20/21. Otto Ernst Berger und Wilhelm Martin Berger.
2) Staatsarchiv Hamburg: Archiv des Waisenhauses. Kinderakten, Akte 1890 Nr. 15. Heinrich Richard Greiss.

73 | Auf Augenhöhe
1) Helma Lutz, Kathrin Gawarecki (Hrsg.): Kolonialismus und Erinnerungskultur. Münster 2005, S. 168. (Niederlande Studien Bd. 40).

74 | Mit 19 Jahren auf dem Scheiterhaufen
1) Heinz-Jürgen Brandt, a. a. O., S. 90f.

76 | Kaiser Wilhelms Frühstart
1) Hermann Hipp: „Bildkommentare", in: Joist Grolle (Hrsg.): Das Rathaus der Freien und Hansestadt Hamburg. Hamburg 1997, S. 202.

77 | Hamburgs größter Kunstskandal
1) Max Liebermann, zit. nach: Matthias Gretzschel: Der Hamburger Kunstskandal für die Ewigkeit, in: Hamburger Abendblatt vom 15.11.2011, S. 8.

78 | Hamburgs Einkaufsmeile trägt seinen Namen
1) vgl. Renate Hauschild-Thiessen: Bürgermeister Johann Georg Mönckeberg. Hamburg 1989, S. 32.

79 | Stürmische Zeiten
1) Vgl. Imme Mäder: Schüsse im Hamburger Rathaus – Ein Gemälde und seine Geschichte. Hrsg. von Stiftung historische Museen Hamburg, unter: https://shmh.de/de/hamburgwissen/journal/schuesse-im-hamburger-rathaus (abgerufen 22. 7. 2022.)

84 | Ein Hamburger kniet nicht
1) Richard Graul: Die Wandgemälde des Großen Saales im Hamburger Rathaus. Die Entwürfe von Gehrts und Geselschap. Das Ergebnis des Allgemeinen Deutschen Wettbewerbs. Umgestaltung des Saales. Die Ausführung von Hugo Vogel. Leipzig 1909, S. 42
2) Richard Graul, a. a. O., S. 44.

86 | Machtdemonstration
1) Jürgen Bolland: Die Hamburgische Bürgerschaft in alter und neuer Zeit. Hamburg 1959, S. 76.
2) Ebenda.

88 | Hamburgs höchste Auszeichnung
1) Andreas Fahl: Das Hamburger Bürgermilitär 1814–1868. Berlin 1987, S. 24f., zit. nach: Wissenschaftliche Expertise zur „Vergabe von Ehrenbürgerschaften in der Freien und Hansestadt Hamburg im 19., 20. und 21. Jahrhundert" von Dr. Josef Schmid, Forschungsstelle für Zeitgeschichte in Hamburg (FZH)., unter: https://www.hamburg.de/ehrenbuerger/expertise/
2) Hamburger Abendblatt, 03.11.1971, zit. nach: wissenschaftliche Expertise, a. a. O.
3) Henning Bleyl: „Der kommt nicht in den Keller", in: taz vom 16.2.2012, unter: https://taz.de/Bremen-auf-dem-Weg-zur-Emanzipation/!5100457/
4) Wissenschaftliche Expertise zur „Vergabe von Ehrenbürgerschaften

in der Freien und Hansestadt Hamburg im 19., 20. und 21. Jahrhundert", a. a. O.
5) Wissenschaftliche Expertise zur „Vergabe von Ehrenbürgerschaften in der Freien und Hansestadt Hamburg im 19., 20. und 21. Jahrhundert" von Dr. Josef Schmid, Forschungsstelle für Zeitgeschichte in Hamburg (FZH), a. a. O.
6) Ebenda.
7) Vgl.: Porträts: Die Hamburger Ehrenbürger, unter: https://www.hamburg.de/ehrenbuerger/biographien/ (abgerufen 4.8.2022.)

92 | Das Parlaments-Vestibül

1) Julius von Eckardt: Das Jahr 1877. Leipzig 1878, S. 25.
2) Vgl.: Jürgen Bolland: Die Hamburgische Bürgerschaft in alter und neuer Zeit. Hamburg 1959, S. 27-29.

102 | Startschuss

1) Heinz-Jürgen Brandt, a. a. O., S. 81.
2) Jürgen Bolland: Senat und Bürgerschaft, a. a. O., S. 56.
3) Vgl.: Ursula Büttner: Vereinigte Liberale und Deutsche Demokraten in Hamburg 1906-1930, in: Zeitschrift des Vereins für Hamburgische Geschichte, Bd. 63/1977, S. 6.

103 | Sternstunde der Demokratie

1) Rede von Helene Lange, in: Stenografische Berichte, Sitzung vom 16.3.1919, S.1.

104 | Der eigene Untergang

1) Jürgen Bolland: Die Hamburgische Bürgerschaft in alter und neuer Zeit, a. a. O., S. 118.
2) Vgl. Sarah Schmidt : Nationalsozialismus, unter : https://geschichtsbuch.hamburg.de/epochen/nationalsozialismus/ (abgerufen 7.7.2022.)
3) Heinz-Jürgen Brandt, a. a. O., S. 91.

105 | Zurück zur Demokratie

1) Erich Lüth: Die Hamburger Bürgerschaft 1946-1971. Hamburg 1971, S. 19.
2) Die Geschichte der Hamburgischen Bürgerschaft, unter: https://www.hamburgische-buergerschaft.de/geschichte/ (abgerufen 7.7.2022.)

107 | Kampf mit Worten

1) Jürgen Bolland: Senat und Bürgerschaft, a. a. O., S. 54.
2) Dirk Hempel: 1919 dürfen erstmals alle Hamburger frei wählen. NDR Hamburg Journal vom 17.3.2019, unter: https://www.ndr.de/geschichte/chronologie/1919-Hamburgs-erste-demokratische-Buergerschaftswahl,buergerschaft718.html

110 | Ordnungsruf

1) Heinz-Jürgen Brandt, a. a. O., S. 81.

114 | Ein Hamburger Leben

1) Roswitha Rogge: Zwischen Moral und Handelsgeist. Weibliche Handlungsräume und Geschlechterbeziehungen im Spiegel des Hamburgischen Stadtrechts vom 13. bis zum 16. Jhd. Frankfurt a. M. 1998, S. 95.
2 Heinz-Jürgen Brandt, a. a. O., S. 73.
3 Jost Grolle: Das Hamburger Rathaus. Hamburg 1997, S. 205.

119 | Außerparlamentarischer Treffpunkt

1) Rei/dpa: „Und zum Dritten ..." endet eine Tradition, in Die Welt vom 11.12.2006, unter: https://www.welt.de/print-welt/article701693/Und-zum-Dritten-endet-eine-Tradition.html

120 | Geburtsstunde

1) Heinz-Jürgen Brandt, a. a. O., S. 75.

121 | Hallers Tafelrunde

1) Helga Kutz-Bauer, a. a. O., S. 14.
2) Zit. nach: Karin von Behr: Martin Haller. 1835-1925. Privat- und Luxusarchitekt aus Hamburg. Hamburg 2019.

124 | „Es prüfe, wer sich ewig bindet"

1) Heinz-Jürgen Brandt, a. a. O., S. 65.
2) Martin Haller, zit. nach Heinz-Jürgen Brandt, a. a. O., S. 65.
3) Ebenda.

Outro

Liste der Bürgerschaftspräsidentinnen und –präsidenten

1) Im Wesentlichen entnommen aus: https://www.hamburgische-buergerschaft.de/ehemalige-praesidentinnen-praesidenten/

Liste der Ersten Bürgermeister

1) Im Wesentlichen entnommen aus: https://de.wikipedia.org/wiki/Liste_der_Ministerpr%C3%A4sidenten_der_deutschen_L%C3%A4nder#Hamburg (abgerufen: 14.7.2022) und: https://de.wikipedia.org/wiki/Liste_der_Hamburger_B%C3%BCrgermeister (abgerufen: 14.7.2022)

LITERATURVERZEICHNIS

Gerhard Ahrens: Die „Säulenheiligen" auf der Rathausdiele. Ein hamburgisches Walhalla?, in: Joist Grolle (Hrsg.): Das Rathaus der Freien und Hansestadt Hamburg. Hamburg 1997.

Auflistung der Ehrengäste, die sich ins Goldene Buch eingetragen haben, unter: https://www.hamburg.de/goldene-buch/ (abgerufen 8.7.2022.)

Rita Bake, Birgit Kiupel (Hrsg.): Auf den zweiten Blick. Streifzüge durch das Hamburger Rathaus. Hamburg 1997.

Dies.: Einblicke. Hamburgs Verfassung und politischer Alltag leicht gemacht. 9. aktualisierte Auflage. Hamburg 2018.

Dies.: Einsichten. Von realen und idealen Frauen im Hamburger Rathaus. Hamburg 2016.

Dies.: „Meine Herren und Damen", Helene Lange vor der Hamburgischen Bürgerschaft, 24.März 1919, in: Zeitschrift für Ideengeschichte, Heft XIV/4 Winter 2020. München, S. 5-12.

Susanne von Bargen, Michael Zapf: Das Hamburger Rathaus. Hamburg 2012.

Dies.: InnenAnsichten. Hamburg 1995.

Dies.: Das Rathaus. Hamburg 2000.

Ulrich Bauche: Max Mendel, in: Das jüdische Hamburg. Ein historisches Nachschlagewerk. Hrsg. vom Institut für die Geschichte der deutschen Juden. Göttingen 2006, S. 189.

Karin von Behr: Martin Haller. 1835-1925. Privat- und Luxusarchitekt aus Hamburg. Hamburg 2019.

Henning Bleyl: „Der kommt nicht in den Keller", in: taz vom 16.2.2012, unter: https://taz.de/Bremen-auf-dem-Weg-zur-Emanzipation/!5100457/

Eva Bohne: Was für ein Miteinander von Menschen mit und ohne Behinderungen - Einblicke in unsere jüngere Zeitgeschichte. Hamburg 2017.

Jürgen Bolland: Die Hamburgische Bürgerschaft in alter und neuer Zeit. Hamburg 1959.

Ders.: Senat und Bürgerschaft. Über das Verhältnis zwischen Bürger und Stadtregiment im alten Hamburg. Hamburg 1977.

Heinz-Jürgen Brandt: Das Hamburger Rathaus. Hamburg 1957.

Ursula Büttner: Vereinigte Liberale und Deutsche Demokraten in Hamburg 1906-1930, in: Zeitschrift des Vereins für Hamburgische Geschichte, Bd. 63/1977.

Hans Wilhelm Eckardt: Privilegien und Parlament. Die Auseinandersetzungen um das allgemeine und gleiche Wahlrecht in Hamburg. Hamburg 1980.

Julius von Eckardt: Das Jahr 1877. Leipzig 1878.

Christian Ewald: Als die rote Fahne am Rathaus wehte, Hamburg zwischen Revolution und Neuordnung, in: Revolution! Revolution? Hamburg 1918/1919, Hrsg. v. H. J. Czech, O. Matthes und O. Pelc. Kiel, Hamburg 2018, S. 109-125.

Andreas Fahl: Das Hamburger Bürgermilitär 1814–1868. Berlin 1987, S. 24f.

Die Geschichte der Hamburgischen Bürgerschaft, unter: https://www.hamburgische-buergerschaft.de/geschichte/ (abgerufen 7.7.2022.)

Richard Graul: Die Wandgemälde des Großen Saales im Hamburger Rathaus. Die Entwürfe von Gehrts und Geselschap. Das Ergebnis des Allgemeinen Deutschen Wettbewerbs. Umgestaltung des Saales. Die Ausführung von Hugo Vogel. Leipzig 1909.

Matthias Gretzschel: Der Hamburger Kunstskandal für die Ewigkeit, in: Hamburger Abendblatt vom 15.11.2011.

Inge Grolle: „Auch Frauen sind zulässig". Die Frauensäule in der Hamburger Rathausdiele, in: Rita Bake, Birgit Kiupel (Hrsg.): Auf den zweiten Blick. Streifzüge durch das Hamburger Rathaus. Hamburg 1997, S. 64-118.

Joist Grolle (Hrsg.): Das Rathaus der Freien und Hansestadt Hamburg. Hamburg 1997.

Insa Härtel: „Reine Weiblichkeit – weibliche Reinheit". Personifikationen im Hamburger Rathaus, in: Rita Bake, Birgit Kiupel (Hrsg.): Auf den zweiten Blick. Ebd., S. 10-64.

Hamburger Senat, unter: https://www.hamburg.de/politik-verstehen/1998236/senat/ (abgerufen 7.7.2022.)

Hamburg und seine Bauten unter Berücksichtigung der Nachbarstädte Altona und Wandsbek. Hrsg. vom Architekten- und Ingenieur-Verein zu Hamburg. Bd. 1. Hamburg 1914.

Renate Hauschild-Thiessen: Bürgermeister Johann Georg Mönckeberg. Hamburg 1989.

Hamburgische Bürgerschaft: ehemalige Bürgerschaftspräsidentinnen und -präsidenten, unter: https://www.hamburgische-buergerschaft.de/ehemalige-praesidentinnen-praesidenten/ (abgerufen 6.8.2022.)

Dirk Hempel: 1919 dürfen erstmals alle Hamburger frei wählen. NDR Hamburg Journal vom 17.3.2019, unter: https://www.ndr.de/geschichte/chronologie/1919-Hamburgs-erste-demokratische-Buergerschaftswahl,buergerschaft718.html (abgerufen7.7.2022.)

Hermann Hipp: „Bildkommentare", in: Joist Grolle (Hrsg.): Das Rathaus der Freien und Hansestadt Hamburg. Hamburg 1997.

Wolf Hobohm (Hrsg.): „...aus diesem Ursprunge...". Dokumente, Materialien, Kommentare zur Familiengeschichte Georg Philipp Telemanns. Magdeburg 1988.

Christoph A. Hoesch, Zygmunt Januszewski: Die rote Spur. Kleine Kulturgeschichte des roten Teppichs. Hamburg 1989.

Evi Jung-Köhler, Verlust und Chance – Hamburg 1842. Neumünster 1991.

Ingrid Körner: Erfahrungen mit dem Wandel, in: Eva Bohne, Bettina Marquardt: Schritte des Wandels ... in unserer Gesellschaft für Menschen mit Behinderungen und deren Angehörige, 2. Auflage. Hamburg 2011.

Helga Kutz-Bauer: Rathaus, Handwerk und Arbeiterschaft. Hamburg 1997.

Liste der Hamburger Bürgermeister, unter: https://de.wikipedia.org/wiki/Liste_der_Hamburger_B%C3%BCrgermeister (abgerufen 14.7.2022.)

Liste der Ministerpräsidenten der deutschen Länder/Hamburg, unter: https://de.wikipedia.org/wiki/Liste_der_Ministerpr%C3%A4sidenten_der_deutschen_L%C3%A4nder#Hamburg (abgerufen 14.7.2022).

Erich Lüth: Die Hamburger Bürgerschaft 1946-1971. Hamburg 1971.

Helma Lutz, Kathrin Gawarecki (Hrsg.): Kolonialismus und Erinnerungskultur. Münster 2005. (Niederlande Studien Bd. 40).

Imme Mäder: Schüsse im Hamburger Rathaus – ein Gemälde und seine Geschichte. Hrsg. von Stiftung historische Museen Hamburg, unter: https://shmh.de/de/hamburgwissen/journal/schuesse-im-hamburger-rathaus (abgerufen 22. 7. 2022).

Sven Philipski: Ernährungsnot und sozialer Protest. Die Hamburger Sülzeunruhen 1919. Hamburg 2002.

Porträts: Die Hamburger Ehrenbürger, unter: https://www.hamburg.de/ehrenbuerger/biographien/ (abgerufen 4.8.2022).

Das Rathaus der Freien und Hansestadt Hamburg. Hrsg. von der Senatskanzlei der Freien und Hansestadt Hamburg. Hamburg o. J. [1950er-Jahre].

Harald Richert: Verdiente Hamburger: Kurzbiographien zu den Reliefporträts. Hamburg 1991.

Roswitha Rogge: Zwischen Moral und Handelsgeist. Weibliche Handlungsräume und Geschlechterbeziehungen im Spiegel des hamburgischen Stadtrechts vom 13. bis zum 16. Jhd. Frankfurt a. M. 1998.

Ami Ronnberg, Kathleen Martin: Das Buch der Symbole, Köln 2011.

Ruth Schliemann: Die Hamburger Bettelordenskirchen, in: Volker Plagemann (Hrsg.): Das Mittelalter in Hamburg. Bd.1. Hamburg 2000.

Sarah Schmidt: Nationalsozialismus, in: Hamburg Geschichtsbuch, unter: https://geschichtsbuch.hamburg.de/epochen/nationalsozialismus/ (abgerufen 7.7.2022).

Fritz Schumacher: Wie das Kunstwerk Hamburg nach dem Großen Brande entstand. Hamburg 1969.

Senatskanzlei: Landesregierung. Welche Aufgaben hat der Senat? unter: https://www.hamburg.de/politik-verstehen/1998236/senat/ (abgerufen 7.7.2022.)

Stiftung Hamburger Gedenkstätten und Lernorte (Hrsg.): Gedenkstätten in Hamburg: Relief von Ernst Barlach auf dem Kriegerdenkmal am Rathausmarkt, unter: https://gedenkstaetten-in-hamburg.de/gedenkstaetten/zeige/relief-von-ernst-barlach-auf-dem-kriegerdenkmal-am-rathausmarkt (abgerufen 7.4.2022).

Volker Ullrich: Zwischen Burgfrieden und Novemberrevolution. Arbeiter und Arbeiterbewegung in Hamburg 1914-1919, in: Ulrich Bauche, Ludwig Eiber, Ursula Wamser, Wilfried Weinke (Hrsg.): „Wir sind die Kraft". Arbeiterbewegung in Hamburg von den Anfängen bis 1945. Katalogbuch zu Ausstellungen des Museums für Hamburgische Geschichte. Hamburg 1988.

Silke Urbanski: Geschichte des Klosters Harvestehude „In valle virginum". Münster 1996.

„Und zum Dritten..." endet eine Tradition, in: die Welt vom 11.12.2006 , unter: https://www.welt.de/print-welt/article701693/Und-zum-Dritten-endet-eine-Tradition.html (abgerufen 7.6.2022).

Was passiert im Bürgermeisteramtszimmer? Unter: 360-Grad-Rundgang durch das Hamburger Rathaus. Erstellt vom NDR, Stand: 21.4.2020, unter: https://www.ndr.de/nachrichten/hamburg/360-Grad-Rundgang-durch-das-Hamburger-Rathaus,rathaustour100.html (abgerufen 7.7.2022).

Wissenschaftliche Expertise zur „Vergabe von Ehrenbürgerschaften in der Freien und Hansestadt Hamburg im 19., 20. und 21. Jahrhundert" von Dr. Josef Schmid, Forschungsstelle für Zeitgeschichte in Hamburg (FZH)., unter: https://www.hamburg.de/ehrenbuerger/expertise/

QUELLEN

Helene Lange: Rede als Alterspräsidentin in der Bürgerschaftssitzung vom 16.3.1919, in: Stenografische Berichte, Sitzung vom 16.3.1919, S. 1.

Parlamentsdokumentation: Stenographische Berichte und Plenarprotokolle aus verschiedenen Jahren.

Regelungen zur Beflaggung in der Freien und Hansestadt Hamburg vom 21.6.1982. Zuletzt geändert am 26. Januar 2005. Veröffentlicht in Amtlicher Anzeiger.

Staatsarchiv Hamburg: Archiv des Waisenhauses. Kinderakten, Akte 1889 Nr. 20/21. Otto Ernst Berger und Wilhelm Martin Berger.

Staatsarchiv Hamburg: Archiv des Waisenhauses. Kinderakten, Akte 1890 Nr. 15. Heinrich Richard Greiss.

III.

OUTRO

Erste Bürgermeister
ab Eröffnung des Hamburger Rathauses 1897

1. **Dr. Johannes Versmann**, Jurist: 1887, 1888, 1890/91, 1893/94, 1896/97 jeweils Zweiter und Erster Bürgermeister.
2. **Dr. Johann Georg Mönckeberg,** Jurist, Fraktion der Rechten: 1890, 1892-1893, 1896, 1899, 1902, 1904-1905, 1908.
3. **Dr. Johannes Christian Eugen Lehmann,** Jurist: 1895, 1898, 1900.
4. **Dr. Gerhard Hachmann**, Jurist: 1900-1901, 1904.
5. **Dr. Johann Heinrich Burchard**, Jurist: 1903, 1906, 1909, 1912.
6. **Dr. Johann Otto Stammann**, Jurist: 1907-1908.
7. **Dr. Max Predöhl**, Jurist: 1910/1911, 1914, 1917.
8. **Carl August Schröder**, Jurist: 1912-1913, 1916.
9. **Dr. Werner von Melle**, (parteilos), Jurist: 1915,1918, 31. März 1919 – 21. Dezember 1919.
10. **Dr. Friedrich Sthamer**, Jurist: 21. Dezember 1919 – 13. Februar 1920.
11. **Dr. Arnold Diestel**, (parteilos), Jurist: 14. Februar 1920 – 3. Januar 1924.
12. **Dr. Carl Wilhelm Petersen**, (DDP), Jurist, 4. Januar 1924 – 31. Dezember 1929, 1932-März 1933.
13. **Rudolf Roß**, (SPD), Lehrer: 1. Januar 1930 – 31. Dezember 1931.
14. **Dr. Carl Vincent Krogmann**, Industrieller, Reeder, Bankier, NSDAP. 8.3.1933-11.5.1945. Seine Amtsbezeichnung ab 18.5.1933: regierender Bürgermeister. Er war dem Reichsstatthalter Karl Kaufmann NSDAP unterstellt. 1936 wurde die bisherige Hamburger Einheitsverwaltung aufgeteilt in eine Staats- und eine Gemeindeverwaltung. Ab 29.7.1936 hatte Kaufmann offiziell die Führung der Landesregierung, Krogmann blieb als Bürgermeister Leiter der „Gemeindeverwaltung“.

Nach der Befreiung vom Nationalsozialismus, ab 1945

15. **Rudolf Petersen**, (parteilos, ab Juni 1946 CDU), Kaufmann: 15. Mai 1945 – 15. November 1946, ernannt von der Britischen Militärregierung.
16. **Max Brauer** (SPD), gelernter Glasbläser: 15.11.1946-2.12.1953 und Dez, 1957-Dez.1960.
17. **Dr. Kurt Sieveking** (CDU, damals für den „Hamburg Block“), Jurist: 2.12.1953-4.12.1957.
18. **Dr. Paul Nevermann** (SPD), gelernter Schlosser und Maschinenbauer, Jurist: 1.1.1961-9.6.1965.
19. **Dr. Herbert Weichmann** (SPD), Jurist und Journalist: 9.6.1965-9.6.1971.
20. **Peter Schulz** (SPD), Jurist: 9.6.1971-4.11.1974.
21. **Hans-Ulrich Klose** (SPD), Jurist: 12.11.1974-25.5.1981.
22. **Dr. Klaus von Dohnanyi** (SPD), Jurist: 24.6.1981-8.6.1988.
23. **Dr. Henning Voscherau** (SPD), Jurist: 8.6.1988-8.10.1997.
24. **Ortwin Runde** (SPD), Diplom-Soziologe: 12.11.1997-30.10.2001.
25. **Ole von Beust** (CDU), Jurist: 31.10.2001-25.8.2010.
26. **Christoph Ahlhaus** (CDU), Jurist: 25.8.2010-7.3.2011.
27. **Olaf Scholz** (SPD), Jurist. 7.3.2011-13.3.2018.
28. **Dr. Peter Tschentscher** (SPD), Arzt: seit 13.3.2018.[1)]

1

2

7

8

13

14

3

4

5

6

9

10

11

12

15

16

17

18

19

20

21

22

23

24

25

26

27

28

Blick aus einer Besucherloge in den Plenarsaal. Rechts unter den Fenstern ganz hinten die Senatsbank, mehr im Vordergrund die Bank des Bürgerschaftspräsidiums.

Bürgerschafts-präsidentinnen und -präsidenten

ab Eröffnung des Hamburger Rathauses 1897

1. **Siegmund Hinrichsen**, Bankier, Fraktion linkes Zentrum, 1892 bis 1902.
2. **Julius Engel**, Richter, Fraktion der Rechten, 1902 bis 1913.
3. **Dr. Alexander Schön** **(ohne Abbildung)**, Rechtsanwalt, 1913 bis 1919.
4. **Berthold Grosse**, gelernter Tischler, SPD, 1919 bis 1920.
5. **Rudolf Roß, Lehrer**, SPD, 1920 bis 1928.
6. **Max Hugo Leuteritz**, gelernter Mauer und Stuckateur, SPD, 1928 bis 1931.
7. **Dr. Herbert Ruscheweyh**, Rechtsanwalt, SPD, 1931 bis 1933.
8. **Fritz Meyer,** Kaufmann, NSDAP, Präsident ab 10.5.1933. Am 14.10.1933 wurde die Bürgerschaft aufgelöst.

Nach der Befreiung vom Nationalsozialismus

9. **Dr. Herbert Ruscheweyh**, Rechtsanwalt, SPD, 1946, Ernannte Hamburgische Bürgerschaft.
10. **Adolph Schönfelder**, gelernter Zimmermann, SPD, 1946 bis 1960.
11. **Herbert Dau**, gelernter Versicherungskaufmann, SPD, 1960 bis 1978.
12. **Peter Schulz**, Jurist, SPD, 1978 bis 1982.
13. **Dr. Martin Willich**, Jurist, CDU, 1982 bis 1983.
14. **Peter Schulz**. Jurist, SPD, 1983 bis 1986.
15. **Dr. Martin Willich**, Jurist, CDU, 1986 bis 1987.
16. **Elisabeth Kiausch**, gelernte Schriftsetzerin, gelernte Einzelhandelskauffrau, SPD, Juni bis September 1987.
17. **Helga Elstner**, studierte Wirtschaftswissenschaftlerin mit Diplom, SPD, September 1987 bis Juni 1991.
18. **Elisabeth Kiausch**, gelernte Schriftsetzerin, gelernte Einzelhandelskauffrau, Juni 1991 bis Oktober 1993.
19. **Ute Pape**, Schulleiterin, SPD, 1993 bis 2000.
20. **Dr. Dorothee Stapelfeldt**, Kunsthistorikerin, SPD, 2000 bis 2004.
21. **Berndt Röder**, Rechtsanwalt, CDU, 2004 bis 2010.
22. **Dr. Lutz Mohaupt,** Theologe, parteilos, 2010 bis 2011.
23. **Dr. Dorothee Stapelfeldt**, Kunsthistorikerin, SPD, März 2011.
24. **Carola Veit**, Juristin, SPD, seit 23. März 2011.[1)]

1

2

8

10

17

19

4

5

6

7 + 9

11

12 + 14

13 + 15

16 + 18

20 + 23

21

22

24

Der Rathausdielenmeister Axel Korn hisst die Flagge von Cabo Verde.

Wappen- und Flaggen-ABC

Bundespräsident Theodor Heuss hatte es bereits während seines Besuchs 1950 erkannt: das Hamburger Rathaus verfügt über ein besonders traditionsreiches Protokoll, ganz im Zeichen hanseatischer Gastfreundschaft. Dazu gehören auch die Flaggen, die zu bestimmten Terminen an der Phönixlaube (> Nr. 16) und dem Staatsbalkon (> Nr. 18) der Hauptfassade gehisst werden. Allerdings: Flagge ist nicht gleich Flagge. Rathausdielenmeister Axel Korn erklärt die verschiedenen Symbole und ihre Bedeutung.

HAMBURG-SYMBOL Dem vielfach von Privat und Wirtschaft herangetragenen Wunsch zur Nutzung des geschützten Kleinen Landeswappen entsprach der Senat mit dem zur allgemeinen Nutzung freigegebenen „Hamburg-Symbol“. Die Ähnlichkeit mit dem Kleinen Landeswappen ist gewollt, jedoch sind einige Unterschiede deutlich erkennbar. Anders als beim Kleinen Landeswappen wird hier die Burg vollständig mit einem Sockelfundament in der Mitte des Wappens dargestellt und die Zinnen wie auch einige Türelemente fehlen. Nutzerinnen und Nutzer dürfen hier auch weitere Veränderungen für sich einfügen – z. B. führt der Landesbund der Hamburger Kleingartenvereine einen grünen Spaten vor der Burg.

GROSSES LANDESWAPPEN (AUCH SENATSWAPPEN) Im 16. Jhd. tauchte erstmals das Staatswappen mit einer Verzierung durch einen Ritterhelm, geschmückt von einem innenseitig weißen, außenseitig roten Tuch und über den Helmen drei grünen Pfauenfedern und mehreren rotweißen Lanzenfähnchen auf. Später, Ende 16./Anfang 17. Jhd. kamen die beiden Löwen hinzu und bilden in der Gesamtdarstellung das große Landeswappen, heute auch Senatswappen genannt. Dieses Wappen darf ausschließlich vom Senat, dem Bürgerschaftspräsidium und dem Hamburgischem Verfassungsgericht nebst Hanseatischem Oberlandesgericht geführt werden.

KLEINES LANDESWAPPEN Das Landeswappen ist ein staatliches Hoheitszeichen und in Führung und Gebrauch ausschließlich den Behörden und Dienststellen der Stadt vorbehalten. Seit dem 12./13. Jhd. ist die dreitürmige Burg mit den beiden Mariensternen (> Nr. 11) auf den Seitentürmen und dem Kreuz auf der Kuppel des Mariendoms (als Schutzpatronin der Stadt gewidmet) das Stadtsiegel. Bis ins 19. Jhd. wurde die Burg rot auf weißem Grund dargestellt. Rot und weiß sind die Farben der Hanse und schmücken nahezu alle Stadtwappen des Bundes. Erst 1834 wechselte die Farbgebung auf Weiß/Rot, der Turm nahm mit geschlossenem Tor und Zinnen seine heutige Form an und fand 1952 in Artikel 5 Einzug in die Hamburger Landesverfassung.

LANDESFLAGGE Bereits das Stadtrecht von 1270 ordnete den Hamburger Schiffen das Hissen einer roten Flagge als Kennzeichen der Stadtzugehörigkeit an und ist damit das älteste bekannte Flaggengesetz. Später kam die Burg dazu und wie beim Stadtwappen kam es im Verlauf der Geschichte zu ständigen Veränderungen an der Burg und in den Farben. 1861 schloss sich dann auch endgültig das Burgtor, was der Symbolik einer „Wehrhaftigkeit“ gegenüber der vorangegangenen Variante einer „Weltoffenheit“ damaligem Zeitgeist entsprach. Die heutige Landesflagge ist in Artikel 5 der Hamburger Verfassung festgelegt und darf von jedermann geführt werden.

STANDER Diese Flagge findet ausschließlich als Fahrzeugstander bei offiziellen Anlässen am Dienstfahrzeug des Ersten Bürgermeister oder des/der Bürgerschaftspräsidenten/in seinen Platz – allerdings nur ganz selten: Die ständig wechselnden Fahrzeuge in der Fahrbereitschaft des Senats besitzen schon lange keine feste Standerbefestigung am Fahrzeug mehr.

STAATS-/SENATSFLAGGE 1897 wurde das Große Landeswappen erstmals und anlässlich der Eröffnung des Rathauses als Flagge geschaffen. Seitdem weht diese am Turm in Höhe des Phönixbalkons (> Nr. 16) bei offiziellen Anlässen wie Staatsbesuchen, Antrittsbesuchen von Botschaftern und Generalkonsuln und den Tagen mit offizieller Beflaggung.

ADMIRALITÄTSFLAGGE (AUCH HAFENFLAGGE) Bereits 1642 tauchte bei den Handelsschiffen das Symbol eines Ankers im Stadtwappen auf. Da in der See- und Flussschiffahrt einheitlich die Bundesflagge auf Handelsschiffen am Heck oder hinterem Mast international zu führen ist, verlor die Admiralitätsflagge ihre Bedeutung in der Schifffahrt. Sie wird ausschließlich an Dienstgebäuden der Hamburg Port Authority und anderen Dienststellen des Hafens, Polizei und Feuerwehr und den jeweils dazu gehörenden Wasserfahrzeugen am Bug als, meist fester, Stander gesetzt. Dieser Bugstander an einem so gekennzeichnetem Wasserfahrzeug ist hoheitlich geschützt und signalisiert Vorrang vor allen anderen Wasserfahrzeugen. AK

Mitwirkende an diesem Buch

Dr. Rita Bake | (RB)
geb. 1952 in Bremerhaven. Dr. phil., Historikerin, Dipl.-Bibliothekarin, Studium an der Fachhochschule Hamburg FB Bibliothekswesen. Studium der Sozial- und Wirtschaftsgeschichte, der deutschen Altertums- und Volkskunde, der Vor- und Frühgeschichte. Mitarbeit an Ausstellungen, Vorträge und Veröffentlichungen zur Frauen-, Sozial- und Wirtschaftsgeschichte Hamburgs. Autorin von szenischen Stadtrundgängen durch Hamburg. Gründerin des Gartens der Frauen auf dem Ohlsdorfer Friedhof und Vorsitzende des Vereins Garten der Frauen, stellvertretende Direktorin der Landeszentrale für politische Bildung Hamburg a. D.

Susanne von Bargen | (SB)
geb. 1950 in Hamburg. Nach dem Studium der Erziehungswissenschaft und einer Ausbildung in Fotografie Wechsel in den Journalismus. Volontariat bei „DIE WELT", dort Redakteurin für die Hamburger Lokalpolitik. 1978 Reporterin bei der „BILD"-Zeitung mit dem gleichen Aufgabengebiet, 1979 Wechsel zum „Hamburger Abendblatt" mit den Schwerpunkten Lokalpolitik, Architektur und Denkmalschutz mit Berufung durch den Senat in den Denkmalrat. Initiatorin verschiedener Aktionen für die Restaurierung des Hamburger Rathauses. Autorin von drei Büchern über das Hamburger Rathaus.

Mathias Becker | (MB)
geb. 1978. Studium der Soziologie, Politikwissenschaft und Medienwissenschaft in Düsseldorf, 2010 Besuch der Reportageschule Reutlingen. Freier Reporter für Zeitungen und Magazine im deutschsprachigen Raum sowie Autor und Redakteur für Unternehmens- und Stiftungspublikationen. 2017: Gründung von „Behnken, Becker + Partner", gemeinsam mit Wolfgang Behnken. Produktion zahlreicher Magazine und Bücher für Unternehmen, Stiftungen, Forschungsinstitute und öffentliche Auftraggeber.

Wolfgang Behnken | (WB)
geb. 1945 in Bremervörde. Studium der visuellen Kommunikation in Wuppertal. 1968 Entwicklung eines Werbekonzeptes für die SPD, ab 1969 als Assistent der Chefredaktion, Redakteur und ab 1986 Mitglied der Chefredaktion beim „Stern". 2000 Herausgeber von Max. Seit 2004 selbstständig, 2017: Gründung von „Behnken, Becker + Partner", gemeinsam mit Mathias Becker. Produktion zahlreicher Magazine und Bücher für Unternehmen, Stiftungen, Forschungsinstitute und öffentliche Auftraggeber.

Jörg Beleites | (JB)
geb. 1941 in Hamburg. Studium der Mathematik und Physik in Hamburg und Freiburg; mehr als dreieinhalb Jahrzehnte lang Lehrer für diese Fächer und Informatik an einem Gymnasium in Hamburg-Wandsbek. Seit vielen Jahren Beschäftigung mit Hamburger Kulturgeschichte, Denkmalgeschichte, Architekturgeschichte; seit 2003 Hamburger Stadtbilderklärer, Stadtführungen und zahlreiche Publikationen und Vorträge zu unterschiedlichsten Themenbereichen.

Dr. Dirk Brietzke | (DB)
geb. 1964. Dr. phil., Historiker, Wissenschaftlicher Mitarbeiter der Arbeitsstelle für Hamburgische Geschichte am Fachbereich Geschichte der Universität Hamburg, Stellvertretender Vorsitzender des Vereins für Hamburgische Geschichte. Veröffentlichungen zur Sozial-, Kultur-, Stadt- und Regionalgeschichte der Frühen Neuzeit und des 19. Jahrhunderts.

Joachim W. Frank | (JF)
geb. 1957. Archivar am Staatsarchiv der Freien und Hansestadt Hamburg, Schatzmeister des Vereins für Hamburgische Geschichte. Zahlreiche Veröffentlichungen zu historischen Karten, Hamburgensien und zur Hamburger Stadtgeschichte.

Jonas Graeber | (JG)
geb. 1997. studiert Politikwissenschaften an der Universität Hamburg, betreut Workshops der Landeszentrale für politische Bildung und arbeitet seit 2021 bei „Behnken, Becker + Partner".

Dr. Matthias Gretzschel | (MG)
geb. 1957 in der Nähe von Dresden. Dr. theol., Journalist und Autor, nach Buchhändlerlehre und Wehrersatzdienst als Bausoldat Theologiestudium an der Universität Leipzig. 1988 Promotion im Fachbereich Christliche Archäologie und Kirchliche Kunst. Von 1990 bis 2017 Kulturredakteur beim Hamburger Abendblatt. Autor zahlreicher kulturgeschichtlicher Sachbücher über Bauwerke, Städte und Landschaften.

Dr. Birgit Kiupel | (BK)
Dr.phil., Historikerin, Autorin, Zeichnerin. Studium der mittleren und neueren Geschichte, Philosophie und Literaturwissenschaft an der Universität Hamburg - und der Visuellen Kommunikation an der Hochschule für Bildende Künste in Hamburg. Ausstellungen, Vorträge, Aufsätze, Lehraufträge, Bücher zur Kultur-und Geschlechter-Geschichte. Über 200 Musik-Features für öffentlich-rechtliche Sender. Trickfilme für diverse

Museen. Wissenschaftliche Mitarbeiterin beim DDF (Digitales Deutsches Frauenarchiv).

Prof. Dr. Franklin Kopitzsch | (FK)
geb. 1947 in Neustadt an der Orla. Promotion 1978, Habilitation 1993 an der Universität Hamburg, 1998-2003 Professor für Geschichte der Frühen Neuzeit an der Universität Bremen, 2003-2013 Professor für Sozial-, Wirtschafts- und Regionalgeschichte an der Universität Hamburg, Leiter der Arbeitsstelle für Hamburgische Geschichte. Forschungsschwerpunkte: Hamburgische Geschichte, Norddeutsche Stadt- und Landesgeschichte, Geschichte der Frühen Neuzeit.

Axel Korn | (AK)
geb. 1962. Reiseverkehrskaufmann, Dielenmeister des Rathauses (Leiter des Empfangs und Besucherdienstes im Rathaus) seit 2016. Zertifizierter Gästeführer des Tourismusverbands Hamburg.

Prof. Dr. Ulrich Mücke | (UM)
geb. 1965 in Dillenburg. Promotion 1997 an der Universität Hamburg mit einer Arbeit über Parteienentstehung in Peru im 19. Jahrhundert, 1999-2002 Wissenschaftlicher Assistent an der Universität Erfurt, 2002-2007 Juniorprofessor an der Georg-August-Universität Göttingen, seit 2007 Professor für Geschichte Lateinamerikas und der Iberischen Halbinsel an der Universität Hamburg.

Michael Seufert | (MS)
geb. 1943 in Bernburg/Saale. Nach dem Abitur in Hamburg begann er seine journalistische Laufbahn bei den „Bremer Nachrichten". Von 1970 bis 1997 arbeitete er beim „Stern", die letzten Jahre in der Chefredaktion. Seitdem als Schriftsteller und freier Journalist in Hamburg. Er veröffentlichte Romane und Sachbücher, unter anderen „Der Skandal um die Hitler-Tagebücher".

Sandra Sodemann |
geb. 1981 in Hamburg. Studium an der Hamburger Technischen Kunstschule, Art-Direktorin für diverse Publikums- und Kundenmagazine. Seit 2019 freiberufliche Tätigkeit, unter anderem im Team von „Behnken, Becker + Partner." Gemeinsam mit der Agentur hat sie mehrere Magazin- und Buchprojekte umgesetzt.

PD Dr. Sven Tode | (ST)
geb. 1964. Dr. phil habil. Sven Tode, Privatdozent an der Europa Universität Flensburg, Venia für Neuere und Neueste Geschichte und Didaktik der Geschichte, Studium der Mittleren- und Neueren Geschichte, der Alten Geschichte und Geographie in Hamburg in Norwich, Großbritannien. Gründer und Geschäftsführer des ifw Institut für Firmen- und Wirtschaftsgeschichte, Bürgerschaftsabgeordneter, Vorsitzender des Wissenschaftsausschusses und des Beirats der Landeszentrale für politische Bildung.

Prof. Jörn Walter | (JW)
geb. 1957 in Bremen. Prof. Dipl.-Ing., Stadtplaner, Studium der Raumplanung an der Universität Dortmund. 1999-2017 Oberbaudirektor der Freien und Hansestadt Hamburg, 1991-1999 Leiter des Stadtplanungsamtes Dresden. Lehrtätigkeiten an der HfbK Hamburg, der HCU Hamburg und der Hochschule Düsseldorf. Mitglied der Akademien der Künste in Hamburg, Berlin und Sachsen sowie der Deutschen Akademie für Städtebau und Landesplanung.

Prof. Dr. Rainer-Maria Weiss | (RMW)
Studium der Vor- und Frühgeschichte und Kunstgeschichte in Regensburg. 1990 am Bayerischen Landesamt für Denkmalpflege in Regensburg. 1991 beim Museum für Vor- und Frühgeschichte Berlin. Nach weiteren Stationen in der Denkmalpflege und an Museen in Berlin und Bayern seit 2003 Direktor des Archäologischen Museums Hamburg und Landesarchäologe von Hamburg. Er leitete zahlreiche bedeutende Ausgrabungen und Forschungen zur Frühgeschichte der Hansestadt, vor allem zur Hammaburg und der Neuen Burg.

Sandra Wilsdorf | (SW)
geb. 1968 in München. Studium der Angewandten Kulturwissenschaften in Lüneburg (Abschluss M.A.), Volontariat bei der Ostfriesen-Zeitung, Redakteurin bei der taz in Hamburg und Pressesprecherin der Ärztekammer Hamburg. Seit Oktober 2021 freie Journalistin für Themen rund um Gesundheit, Medizin, Gesundheitspolitik und Soziales.

Michael Zapf | (MZ)
Michael Zapf ist selbständiger Fotojournalist, der seine Heimatstadt Hamburg seit Jahrzehnten fotografisch begleitet. Zu seinen ersten Fototerminen im Hamburger Rathaus gehörte die Verleihung der Ehrenbürgerwürde an Helmut Schmidt im Dezember 1983. Zu seinen Kunden zählen Verlage sowie Pressestellen von Hamburger Unternehmen und Institutionen. Michael Zapf veröffentlichte zahlreiche Bücher zu Norddeutschen und Hamburger Themen. Bei Edel Books erschienen u. a. „Elbphilharmonie" (2016) und „Zuhause bei Loki und Helmut Schmidt – Das Kanzlerhaus in Hamburg-Langenhorn" (2020).

SACH- UND NAMENREGISTER

BILDNACHWEISE

Alle Fotos von
Michael Zapf außer:

S. 8: Frank Wartenberg
S. 9: Pressestelle des Senats
S. 12: Landeszentrale für politische Bildung Hamburg
S. 15: Staatsarchiv (Signatur: 131-6=235/21)
S. 16: Staatsarchiv (Signatur: 244-1=14/RA 2)
S. 18-19: Staatsarchiv (Signatur: 244-1=14/RA 3)
S. 20-21: Staatsarchiv (Signatur: 131-6=230/105)
S. 22-23: Staatsarchiv (Signatur: 131-6=235/20A)
S. 24-25: Staatsarchiv (Signatur: 131-6=238/10)
S. 26: Staatsarchiv (Signatur: 131-6=240/200)
S. 27 unten: Staatsarchiv (Signatur: 131-6=240/310)
S. 28 oben: Staatsarchiv (Signatur: 233-17=040628-24)
S. 28 unten links: Staatsarchiv (Signatur: 221-5=1919.12.1)
S. 28 unten rechts: Staatsarchiv (221-5=1919.26.6)
S. 29 oben: Staatsarchiv (Signatur: 221-5=1919.038.01)
S. 29 unten: Staatsarchiv (Signatur: 720-1/2_233-11 = 03/1934.08.17.45) (?)
S. 30 oben: Staatsarchiv (Signatur: 233-11=3/520504-1)
S. 30 unten links: Staatsarchiv (Signatur: 720-1=343-1)
S. 30 unten rechts: Staatsarchiv/dpa (Signatur: 233-/194602.1)
S. 31 oben links: Staatsarchiv (Signatur: 233-2=1/195206.3)
S. 31 unten links: Staatsarchiv (Signatur: 233-17=541114-24)
S. 31 unten rechts: Staatsarchiv (Signatur: 720-1/221-8=1958.2)
S. 32 oben links: Staatsarchiv (Signatur: 720-1/126-8=19627/63)
S. 32 oben rechts: Staatsarchiv (Signatur: 233-17=1/620907/45)
S. 32 unten: Staatsarchiv (Signatur: 233-17=1965.05.28.67)
S. 33 oben: Staatsarchiv (Signatur: 233-17=2/640525.2)
S. 35 oben rechts: Norddeutsche-ES.de
S. 37 oben: Hamburgische Bürgerschaft
S. 45: Staatsarchiv (Signatur: 9299/5.)
S. 46-47: Archäologisches Museum Hamburg/Roland Warzecha
S. 48: Staatsarchiv (Karte Verein für Hamburgische Geschichte "Hamburg einst und jetzt")
S. 49: Staatsarchiv (Signatur: 131-5=15/91)
S. 59: Staatsarchiv (Signatur: 215=Me 301)
S. 73: Museum für Hamburgische Geschichte:
S. 88-89: Hamburg und seine Bauten. Hrsg. vom Architekten- und Ingenieur-Verein zu Hamburg. Bd. 1. Hamburg 1914.
S. 90 oben: Staatsarchiv (Signatur: 221-7=1945.020)
S. 90 unten: Staatsarchiv (Signatur: 233-17=1/1965.28.16)
S. 107: Staatsarchiv (Signatur: 221-5=1919.33.1)
S. 120-121: Hamburg und seine Bauten. Hrsg. vom Architekten- und Ingenieur-Verein zu Hamburg. Bd. 1. Hamburg 1914.
S. 153: Staatsarchiv (Signatur: 131-6=235/22)
S. 157: Staatsarchiv (Bildarchiv)
S. 161: Staatsarchiv (Signatur: 331-3_7281)
S. 190 mitte links: Staatsarchiv (Signatur: 215=231)
S. 190 mitte rechts: Staatsarchiv (Signatur: 250=Ev 11)
S. 190 unten: Staatsarchiv (Signatur: 215=Wa 444)
S. 195 unten: Senatskanzlei
S. 205 unten: Staatsarchiv (Signatur: 2111-2=5/7)
S. 210 unten: Staatsarchiv (Signatur: 211-6=2/611)
S. 214-215: Staatsarchiv (Signatur: 720-1/131-6=270/002)
S. 216 oben: Staatsarchiv (Signatur: 215=La 194)
S. 216 unten: Staatsarchiv (Signatur: 211-2=5/43)
S. 217 links: Staatsarchiv (Signatur: 211-2=5/63)
S. 217 oben rechts: Staatsarchiv (Signatur: 720-1/131-6=270 /201)
S. 217 unten rechts: Staatsarchiv (Signatur: 720-1/131-6=270 /200)
S. 218: Staatsarchiv (Signatur: 720-1 /233-1=3 / 194611.1)
S. 219: Staatsarchiv (Signatur: 233-2=1/1952061)
S. 243: Staatsarchiv (Signatur: 131-06=253/151)
S. 245: Staatsarchiv (Signatur: 211-6=2/5)
S. 268: Senatskanzlei

IMPRESSUM

Edel Books

Ein Verlag der Edel Verlagsgruppe

ISBN 978-3-8419-0831-5 | ISBN 978-3-946246-53-4

Herausgeber: Landeszentrale für politische Bildung Hamburg, Dammtorstr. 14, 20354 Hamburg

Konzept: Dr. Rita Bake, Michael Zapf, Mathias Becker, Wolfgang Behnken

Redaktion: Dr. Rita Bake, Michael Zapf, Mathias Becker, Wolfgang Behnken, Jonas Graeber (Behnken, Becker + Partner)

Projektkoordination bei Edel Books: Dr. Marten Brandt

Projektkoordination bei Landeszentrale für politische Bildung: Dr. Rita Bake

Wissenschaftliche Begleitung: Dr. Rita Bake

Lektorat: Mathias Becker, Dr. Marten Brandt, Dr. Sabine Bamberger-Stemmann

Korrektorat: Andreas Feßer

Texte: Dr. Rita Bake (RB), Susanne von Bargen (SB), Mathias Becker (MB), Wolfgang Behnken (WB), Jörg Beleites (JB), Dr. Dirk Brietzke (DB), Joachim Frank (JF), Jonas Graeber (JG), Dr. Matthias Gretzschel (MG), Dr. Birgit Kiupel (BK), Prof. Dr. Franklin Kopitzsch (FK), Axel Korn (AK), Prof. Dr. Ulrich Mücke, (UM), Michael Seufert (MS), PD Dr. Sven Tode (ST), Prof. Jörn Walter (JW), Prof. Dr. Rainer-Maria Weiss (RMW), Sandra Wilsdorf (SW), Michael Zapf (MZ)

Fotos: Michael Zapf

Alle weiteren Abbildungen: siehe Bildnachweise

Gestaltung: Wolfgang Behnken, Sandra Sodemann (Behnken, Becker + Partner)

Lithographie: Alexander Langenhagen (Edelweiss Publish)

Druck und Bindung: optimal media GmbH, Glienholzweg 7, 17207 Röbel / Müritz

Printed in Germany

Die Landeszentrale für politische Bildung Hamburg

ist Teil der Behörde für Schule und Berufsbildung der Freien und Hansestadt Hamburg. Sie arbeitet auf überparteilicher Grundlage. Ein pluralistisch zusammengesetzter Beirat sichert die Überparteilichkeit der Arbeit.

Zu den Aufgaben der Landeszentrale gehören:

- Herausgabe eigener Schriften
- Erwerb und Ausgabe von themengebundenen Publikationen
- Koordination und Förderung der politischen Bildungsarbeit
- Beratung in Fragen politischer Bildung
- Zusammenarbeit mit Organisationen und Vereinen
- Finanzielle Förderung von Veranstaltungen politischer Bildung
- Veranstaltung von Seminaren, Workshops und Planspielen in Präsenz und online für diverse Zielgruppen
- Öffentliche Veranstaltungen

Unser Angebot richtet sich an alle Hamburgerinnen und Hamburger. Die Informationen und Veröffentlichungen können Sie während der Öffnungszeiten des Informationsladens abholen.

Gegen eine Bereitstellungspauschale von 15 Euro pro Kalenderjahr erhalten Sie bis zu 5 Bücher aus einem zusätzlichen Publikationsangebot.

Die Landeszentrale für politische Bildung Hamburg arbeitet mit den Landeszentralen der anderen Bundesländer und der Bundeszentrale für politische Bildung zusammen. Unter der gemeinsamen Internet-Adresse www.hamburg.de/politische-bildung werden alle Angebote erfasst.

Die Büroräume befinden sich in der Dammtorstraße 14, 20354 Hamburg; Ladeneingang Dammtorwall 1

Öffnungszeiten des Informationsladens

Montag bis Donnerstag: 12.30 Uhr bis 17.00 Uhr Freitag: 12.30 Uhr bis 16.30 Uhr

Erreichbarkeit

Telefon: (040) 428 23-48 08; Telefax: (040) 428 23-48 13; E-Mail: politischebildung@bsb.hamburg.de;
Internet: www.hamburg.de/politische-bildung; Twitter: https://twitter.com/LZPolBildung